DIE STÄRKE

Bibliographie der Weltliteratur

von

Prof. Dr. Max Ulmann

Herausgegeben vom Institut für Ernährung
Potsdam-Rehbrücke
der Deutschen Akademie der Wissenschaften zu Berlin

LIEFERUNG 1

Hauptgruppe 0 — Allgemeines

AKADEMIE-VERLAG · BERLIN

1967

Erschienen im Akademie-Verlag GmbH, 108 Berlin, Leipziger Straße 3—4

Lizenznummer 202 · 100/566/67
Gesamtherstellung: VEB Druckerei „Thomas Müntzer", 582 Bad Langensalza
Bestellnummer 3055/1 · ES 20 M 8, 1 E
14,—

Inhaltsübersicht

V o r w o r t

Man kann beim Zusammenstellen einer Bibliographie wohl versuchen eine gewisse Vollständigkeit zu erreichen, aber praktisch wird sie sich aus verschiedenen Gründen nie realisieren lassen. Seit dem Erscheinen der englischen Stärkebibliographie von R.P. Walton im Jahre 1928 mit rund 3500 Titeln von Arbeiten auf dem Stärkegebiet, sind bis 1966 über 21500 weitere Arbeiten erschienen. In mühevoller Kleinarbeit wurden unter Durchsicht von Originalzeitschriften, wie auch Patentlisten und unter Verwendung von Referatenblättern die Titel von Stärkearbeiten in möglichster Vollständigkeit gesammelt und karteimäßig dokumentiert, wobei auch die Titel der Bibliographie von R.P. Walton mit aufgenommen wurden. Ergänzt wird ein großer Teil der bibliographischen Angaben durch Hinweise auf vorliegende Referate. Es war ein durch äußere Umstände bedingter Fehler, daß bei diesen Arbeiten alle fremdsprachigen Titel nur in deutscher Übersetzung aufgenommen worden sind. Gleichzeitig mit der dokumentarischen Aufnahme der Themen von Stärkearbeiten und ihren bibliographischen Daten wurde ein nach dem dekadischen System aufgebautes Klassifikationsschema entwickelt. An Hand dieser Stärkesystematik sind sämtliche seit Bestehen unserer Kenntnisse von der Stärke erfaßten literarischen Angaben geordnet worden, so daß nunmehr eine vollständige, sachlich geordnete Sammlung von Arbeiten der Weltliteratur, welche sich mit der Stärke beschäftigen, vorliegt. Selbstverständlich wurde auch eine Autorenkartei aufgebaut.

Bei dem großen Umfang der Bibliographie ist ein Erscheinen derselben in einzelnen Lieferungen, die den Hauptgruppen der erarbeiteten Stärkesystematik entsprechen, vorgesehen. Ein detailliertes Schlagwortverzeichnis wird die Lieferungen abschließen. Bei Bedarf soll ein Autorenverzeichnis folgen.

Für Mitarbeit danke ich vor allen Dingen Frl.G.v.Machui, welche den größten Teil des vorliegenden Materials, insbesondere die älteren Arbeiten karteimäßig erfaßt hat, während ich Frau D.Strasse die Aufnahme der Literatur der letzten Jahre und die Druckfertigmachung der Karteikarten verdanke. Mein besonderer Dank gilt auch Herrn W.Schliepe, welcher sich insbesondere für die sorgfältige Ausarbeitung der Stärkesystematik eingesetzt hat. Dankbar habe ich auch stets das Interesse einer ganzen Reihe meiner früheren Mitarbeiter für die Ausgestaltung der Bibliographie begrüßt, denen ich auch zahlreiche Hinweise auf übersehene Arbeiten oder schwer zugängliche Literatur verdanke.

Wenn auch der Aufbau der vorliegenden Stärkebibliographie manchen Wunsch offen gelassen hat, so ist durch diese Titelliste doch eine Grundlage geschaffen worden, auf der in verbesserter Form weiter gearbeitet werden kann.

Potsdam-Rehbrücke, Januar 1967 M. Ulmann

Bibliographie der Stärke

Einleitung

Bei der stetig ansteigenden Zahl von Veröffentlichungen auf dem Stärkegebiet, die immer schwerer zu übersehen sind - man hat derzeit mit rund 25000 Arbeiten, die sich mit der Stärke beschäftigen zu rechnen - gehören Fachbibliographien in Form von Titelverzeichnissen mit zur Grundlage und zur unentbehrlichen Voraussetzung jeder sicher fundierten und erfolgreichen Arbeit. Für Wissenschaft und Praxis sind Fachbibliographien, die einen umfassenden Überblick über die im Schrifttum niedergelegten Ergebnisse eines bestimmten Gebietes geben, ein schwer zu missendes Orientierungsmittel geworden. Sie sind Wegweiser, insbesondere durch die Flut von Zeitschriftenaufsätzen. Fachbibliographien bieten ein unschätzbares Informationsmaterial für Jeden, der sich mit einem bestimmten Gebiet zu beschäftigen hat. Solche Verzeichnisse weisen sowohl nach, welche Themen bestimmter Fachgebiete, deren Teilgebiete und Grenzgebiete im Verlaufe der Zeit behandelt, wie auch welche Arbeiten von einzelnen Autoren veröffentlichtworden sind. Die Benutzung des Wissensspeichers von Fachbibliographien erleichtert weiterhin das Einordnen neuer wissenschaftlicher Erkenntnisse in vorliegendes Wissensgut und ermöglicht dessen zweckmäßigen Ausbau. Gleichzeitig verringert sich die Gefahr, daß in Unkenntnis älterer Untersuchungen diese wiederholt werden und Doppelarbeit geleistet wird.

Bibliographien stellen auch die Grundlage für eine höhere Stufe der Information dar, sie sind wichtigstes Hilfsmittel für die Erarbeitung und Zusammenstellung von Übersichtsarbeiten. Eine Bibliographie ist nicht eine tote Aneinanderreihung von Themen, sondern sie soll als lebendiges Arbeitsinstrument aufgefaßt werden. Wer darin zu lesen versteht, wird diese Lektüre nicht bereuen. Es kann nicht oft genug wiederholt werden, daß in der Literatur vorliegendes Wissen ungenutzt liegen zu lassen ein nicht zu verantwortender Luxus ist.

Was das Gebiet der Stärke betrifft, so ist die Literatur desselben seinerzeit bis zum Jahre 1926 in einer von R.P.Walton zusammengestellten Bibliographie erfaßt worden. Diese erschien 1928 in Buchform unter dem Titel: "A Comprehensive Survey of Starch Chemistry", Teil 2: "Starches, Dextrins and Amylases. A list of References dealing with their Chemistry and Technology" (Chemical Catalog Comp. New York) . Es handelt sich hier um eine nach Sachgebieten geordnete Zusammenstellung von 3485 Literaturstellen aus dem Stärkegebiet, die neben den bibliographischen Angaben nach Möglichkeit auch kurze Referate bringt. Diese Stärkebibliographie von R.P. Walton ist leider nicht weitergeführt worden. Es wäre ein dankbares Unternehmen einer für das Gebiet der Stärke zuständigen weiterblickenden Organisation gewesen.

Um den fühlbaren Mangel einer Übersicht über die vorliegende, ständig wachsende Stärkeliteratur einigermaßen abzuhelfen, entschloß sich der Verfasser im Institut für Ernährung der Deutschen Akademie der Wissenschaften zu Berlin in Potsdam-Rehbrücke vor etwa 16 Jahren mit der karteimäßigen Erfassung der älteren und der laufenden Fachveröffentlichungen zu beginnen, wobei gleichzeitig eine Grundeinteilung, eine Klassifikation des gesamten Stärkegebietes erarbeitet werden sollte.

Es stellte sich bald heraus, daß nach 1926 die Anzahl der Arbeiten und Patente auf dem Stärkegebiet unverhältnismäßig stark angestiegen war. Von 1926 bis 1946 waren etwa 4500 Arbeiten zu erfassen. Es lag ein Zuwachs von Arbeiten vor, der sich mit jedem Jahr vergrößerte, eine Entwicklung, die auch mit der steigenden Anwendung von Stärke und Stärkederivaten in verschiedenen Industriezweigen im Zusammenhang steht. Man hat es mit einer Entwicklung der Stärkeliteratur zu tun, wie sie bekanntlich auch auf anderen naturwissenschaftlichen Gebieten zu beobachten ist.

Neben der Durchsicht von Originalzeitschriften und Verfolgung der Patentliteratur aller Sprachengebiete wurden bei der Dokumentation von Stärkearbeiten hauptsächlich das "Chemische Zentralblatt" hinzugezogen, insbesondere für die Literatur vor 1950, späterhin kam noch das englischsprachige "Chemical Abstracts" und das russische "Referatiwnyi Shurnal Chimija" hinzu. Bei der verhältnismäßig großen Anzahl von zu dokumentierenden Arbeiten, bedingt durch die Informationslücke von 1926 - 1950 und durch die notwendigen Ergänzungen zu der Referatensammlung von R.P. Walton, die in vorliegender Bibliographie mit aufgenommen worden ist, erwies es sich als praktisch unmöglich den bibliographischen Angaben auch Referate beizufügen. Während 1930 jährlich mit etwa 180 Arbeiten, die sich mit Stärke beschäftigen zu rechnen war, waren es 1950 schon etwa 600 Arbeiten und 1960 etwa 900 Arbeiten jährlich. Die Notwendigkeit auf das "Chemische Zentralblatt" zurückzugreifen hat es mit sich gebracht, daß die Titel der einzelnen Abhandlungen nicht in der Originalsprache, sondern in deutscher Übersetzung aufgenommen wurden, was dann konsequenter Weise auch bei Benutzung von Originalquellen beziehungsweise der anderen Referatenorgane geschehen mußte. Bei dem Umfang der durchzuführenden dokumentarischen Arbeiten stellte es sich immer mehr heraus, daß das Ziel vorläufig nur sein konnte, erst einmal eine Generalbestandsaufnahme durchzuführen, um es in Zukunft einem größeren Arbeitskreis zu überlassen hierauf aufbauend die notwendigen Dokumentationsarbeiten in international festgelegten Formen durchzuführen.

Da es sich, wie schon erwähnt,aus zeitlichen Gründen als praktisch unmöglich erwies, den aufgenommenen Titeln auch Referate beizufügen, wurde bei einem großen Teil der erfaßten Arbeiten auf gegebenenfalls vorliegende Referate in den genannten großen Referatenblättern hingewiesen, wie auch auf die Referatensammlung von R.P. Walton und auf die Referate in der seit 1949 erscheinenden Fachzeitschrift "Die Stärke". Somit ist eine kurze Orientierung über den Inhalt der dokumentierten Stärkearbeiten, in der Annahme, daß die genannten Referatenblätter wohl überall zugänglich sein dürften, möglich.

Wenn auch eine möglichst lückenlose Erfassung der Stärkeliteratur angestrebt wurde, so war es doch nicht zu vermeiden, daß die eine oder andere Arbeit übersehen worden ist, was besonders von älteren Arbeiten und von Nebengebieten gilt, wie auch von Parallelpatenten. Bei der Übernahme zahlreicher Titel mit ihren bibliographischen Angaben aus den genannten großen Referatenblättern war es außerdem unvermeidlich, daß Ungleichmäßigkeiten in der Zitierweise von selteneren Zeitschriften oder der Schreibweise von Autorennamen nicht immer behoben worden sind. Das sind Schönheitsfehler, die nicht allzu streng beurteilt werden sollten. Der Verfasser ist sich voll bewußt, daß die vorliegende Materialsammlung ein Provisorium bleiben mußte und sich viele Wünsche nicht erfüllen ließen.

Die Stärkesystematik

Grundlage und Voraussetzung jeder zweckentsprechenden und erfolgreichen Dokumentation und damit auch einer nutzbringenden Fachbibliographie ist eine systematische Einteilung des zu bearbeitenden Gebietes, ist die Aufstellung eines Systems des zu sammelnden und zu ordnenden Wissensstoffes. Hierbei hat sich die vorzunehmende Stoffeinteilung vor allem nach den Bedürfnissen der Benutzer zu richten. Vorliegendes Erkenntnisgut muß derart übersichtlich geordnet sein, daß ein Jeder die ihn interessierenden Themen ohne größeren Zeitaufwand zu finden vermag. Von den Möglichkeiten die manigfaltigen Probleme des Stärkegebietes leicht auffindbar zu ordnen ist die im Schrifttum häufig angewandte alphabetische Anordnung des Materials abzulehnen, da ein derartiges Verfahren wohl für eine schnelle Orientierung praktisch sein kann, jedoch nicht höheren Ansprüchen genügt. Einen tieferen Einblick in ein Arbeitsgebiet ermöglicht nur ein nach sachlichen Gesichtspunkten geordnetes Tatsachenmaterial. Der naheliegende Versuch das international anerkannte Universal-Dezimalklassifikationssystem (DK-System) auch für die Ordnung des Stärkegebietes einzusetzen ermöglicht keine systematische und übersichtliche Einteilung des Gesamtgebietes der Stärke, wie es der Forscher und Praktiker benötigt. Im DK-System ist die Stärke unter dem Abschnitt 664 zu finden: Herstellung und Konservierung fester Nahrungsmittel. Als weitere Unterteilung findet man 664.0: Allgemeines, 664.1: Zucker, Melasse, Stärkesirup, Glukose usw., 664.2: Stärke und stärkehaltige Stoffe. Schon die Einordnung der Stärke unter feste Nahrungsmittel ist keine sehr glückliche, außerdem sind einzelne Teile des Interessengebietes der Stärke auf weit auseinander liegende Teile des DK-Systemsverteilt. Es hat sich ganz allgemein herausgestellt, daß das DK-System für spezielle naturwissenschaftliche Gebiete wenig geeignet ist, was zur Folge hat, daß hier vielfach besondere Einteilungssysteme und Systematiken erarbeitet worden sind. Für ein begrenztes Arbeitsgebiet benötigt man eine speziell hierauf zugeschnittene Einteilung. Langjährige Erfahrungen beim Sammeln und Ordnen der Literatur des Stärkegebietes führte zu einem neuen, nach dem Dezimalsystem aufgebautem Ordnungssystem, das weitgehendsten Ansprüchen genügen dürfte. Hierbei waren vor allen Dingen die Gesichtspunkte, welche bei der Abfassung der klassischen Handbücher, die einer organischen Zusammenstellung von Einzelmonographien gleichen, maßgebend sind, leitend. Demnach entspricht die entwickelte Stärkesystematik der Einteilung des Stoffes, wie sie für ein umfassendes Handbuch oder auch Lehrbuch der Stärke geeignet wäre. In erster Linie war eine möglichst weite Angleichung an die praktischen Bedürfnisse des auf dem Stärkegebiet arbeitenden Fachmanns oder des sich für Stärkefragen interessiertenden Forschers und Wissenschaftlers angestrebt worden. Dementsprechend wurde das Gesamtgebiet der Stärke in 10 Hauptgruppen, entsprechend den 10 Kapiteln eines Handbuches und diese wiederum in jeweils 10 weitere Gruppen unterteilt. Dieser Aufbau der Stärkesystematik, der eine klare Gliederung in Technologie in weitestem Sinne (Hauptgruppen 0 - 4) und wissenschaftliche Forschung (Hauptgruppen 5 - 9) bringt, hat sich auch bei anderen Gebieten bewährt und entspricht am besten sämtlichen in Betracht kommenden Interessengruppen.

Im Folgenden wird erst der Aufbau, die erarbeitete Grundeinteilung des Stärkegebietes (Hauptgruppen 0 bis 9) gebracht und darauf folgend eine Übersicht über diese 10 Hauptgruppen mit den dazugehörigen jeweiligen 10 Untergruppen (2 Ziffern). Diese Untergruppen wurden weiterhin nach dem dekadischen System unterteilt (3 bzw. 4 Ziffern).

Grundeinteilung der Stärkebibliographie

Hauptgruppen 0 bis 9

0. Allgemeines
1. Technologie der Kartoffelstärke
2. Technologie der Getreidestärken und sonstiger Stärkerohstoffe
3. Technologie veränderter Stärken und Stärkeabbauprodukte
4. Verwendungsgebiete der Stärke und Spezialstärkeprodukte
5. Analytische Bestimmung und Untersuchung der Stärke
6. Stärkederivate und spezielle Chemie der Stärke
7. Aufbau und Konstitution der Stärke
8. Kolloidchemie der Stärke und der Stärkelösungen
9. Enzymatische Arbeiten

Die lo Hauptgruppen der Stärkesystematik und deren erste Untergruppen

0. Allgemeines
   01. Allgemeine Literatur
   02. Dokumentation und Terminologie
   03. Die Stärke-, Stärkesirup- und Stärkezuckerindustrie verschiedener Länder, Produktion und Wirtschaft
   04. Allgemeine industrielle Probleme
   05. Stärke- und Stärkezuckerhandel
   06. Gesetzliche Bestimmungen
   07. Forschung und Forschungsstätten
   08. Tagungen und Gesellschaftsberichte
   09. Geschichtliche Fragen

1. Technologie der Kartoffelstärke
   10. Allgemeines
   11. Das Ausgangsmaterial: die Kartoffel
   12. Lagerung und Reinigung der Kartoffel
   13. Kartoffelzerkleinerung und Auswaschen der Stärke
   14. Gewinnung von Rohstärke allgemein
   15. Reinigung der Rohstärke
   16. Trocknen der Stärke
   17. Nachbehandlung der Stärke
   18. Nach- und Nebenprodukte der Kartoffelstärkeindustrie (Abwässer)
   19. Betriebskontrollen

2. Technologie der Getreidestärken und sonstiger Stärkerohstoffe

20. Gemeinsames zur Gewinnung von Getreidestärken
21. Weizenstärke
22. Roggenstärke
23. Gerstenstärke
24. Maisstärke
25. Reisstärke
26. Hirsestärke
27. Maniokastärke
28. Batatenstärke
29. Weitere tropische Stärken

3. Technologie veränderter Stärken und Stärkeabbauprodukte

30. Allgemeines
31. Geformte Produkte
32. Quellstärke
33. Lösliche Stärke
34. Amylose und Amylopektin
35. Sonstige modifizierte Stärken
36. Dextrine
37. Stärke-Hydrolyselösungen
38. Stärkesirup
39. Dextrose (D-Glucose)

4. Verwendungsgebiete der Stärke und Spezialstärkeprodukte

40. Allgemeines
41. Nahrungs- und Genußmittelindustrie
42. Textilindustrie
43. Papierindustrie
44. Klebstoffindustrie
45. Pharmazie, Medizin, Reinigungsmittel
46. Bergbau, Metallurgie, Erdöl- und Brennstoffindustrie
47. Verschiedene Industrien und Gewerbe
48. Stärke als sonstiges Hilfsmittel
49. Stärke in der Analytik

5. <u>Analytische Bestimmung und Untersuchung von Stärke</u>

50. Qualitativer Stärkenachweis
51. Methoden der Stärkebestimmung
52. Stärkebestimmung in natürlichen pflanzlichen Materialien
53. Stärkebestimmung in Nahrungsmitteln
54. Stärkebestimmung in sonstigen Esswaren
55. Stärkebestimmung in verschiedenen Stärke enthaltenden Materialien
56. Analytische Stärkekennzeichnung
57. Nachweis und Bestimmung von Stärkeabbauprodukten
58. Bestimmung von Stärkebegleitstoffen
59. Nachweis und Bestimmung sonstiger Polysaccharide

6. <u>Spezielle Chemie der Stärke und die Stärkederivate</u>

60. Allgemeines
61. Organische Derivate, Äther und Ester
62. Stärke und Alkali
63. Ester mit anorganischen Säuren
64. Stärke und Halogene
65. Hydrolyse
66. Oxydation
67. Stärke und Proteine und sonstige N-Verbindungen
68. Sonstige Stärkereaktionen
69. Zucker und andere Abbauprodukte der Stärke

7. <u>Aufbau und Konstitution der Stärke</u>

70. Allgemeine Konstitutionsfragen
71. Das Stärkekorn
72. Bildung und Biologie der Stärke im pflanzlichen Organismus
73. Chemische Konstitution der Stärkekohlenhydrate
74. Fraktionierung der Stärke
75. Amylose
76. Amylopektin
77. Konstitutionsaufklärung mit physikalischen Methoden
78. Konstitution von Dextrinen und anderen Abbauprodukten
79. Artfremde Stärken und stärkeähnliche Kohlenhydrate

8. Kolloidchemie der Stärke und der Stärkelösungen

80. Allgemeines
81. Physikalisch-chemische Konstanten und Kolloidwirkung der Stärke
82. Physikalische Einwirkungen auf Stärke
83. Eigenschaften von modifizierten Stärken
84. Stärkelösungen
85. Stärke-Kleister, -Gele (Filme)
86. Stabilität und Empfindlichkeit von Stärkesystemen
87. Mechanische Untersuchungen von Stärkesystemen
88. Optische Untersuchungen von Solen und Gelen
89. Elektrochemische und elektrische Untersuchungen

9. Enzymatische Arbeiten

90. Allgemeines
91. Amylasen und ihre Wirksamkeit
92. Enzymatischer Stärkeabbau
93. Fermentative Abbauprodukte der Stärke
94. Amylasen in der Industrie
95. Spezielle Vergärungsprozesse
96. Weitere Enzyme außer Amylasen
97. Weitere Kohlenhydrate und Enzyme
98. Enzymatische Verdauung der Stärke
99. Verschiedenes

Anordnung der Stärkebibliographie

Auf Grund der erarbeiteten Stärkesystematik mit 10 nach sachlichen Gesichtspunkten aufgebauten Hauptgruppen werden die Titel der bis 1966 erschienenen Stärkearbeiten einschließlich Patente in 10 Bänden gebracht, von denen jeder ein abgeschlossenes Gebiet, entsprechend einer Hauptgruppe umfaßt. Die Gesamteinteilung einer jeden der 10 Hauptgruppen wird zu Beginn jeder eine Hauptgruppe umfassenden Lieferung der Stärkebibliographie den Titellisten vorangestellt werden, so daß eine schnelle Orientierungsmöglichkeit über das gebrachte bibliographische Material besteht. Innerhabl der einzelnen Bände ist das literarische Material nach der erwähnten Stärkesystematik weiter nach dem dekadischen System unterteilt worden, unter Berücksichtigung der praktischen Bedürfnisse. Jede Gruppe, beziehungsweise Untergruppe trägt eine Klassifikationsnummer, durch die jede Arbeit einer bestimmten Gruppe zugeordnet wird. Da in der Bibliographie jeder Titel nur einmal aufgenommen wurde, es jedoch häufig nicht eindeutig zu entscheiden war, in welche Gruppe ein bestimmter Titel gehört sind einzelne Gruppen und Untergruppen falls notwendig mit Hinweisen auf andere Gruppen versehen worden, um eine weitergehende Orientierung über ein gesuchtes Thema zu erleichtern. Innerhalb einer nicht mehr weiter in sachlicher Hinsicht unterteilten Untergruppe sind die einzelnen Stärkearbeiten nach den Jahren ihres Erscheinens geordnet. Hierbei wird mit der neuesten Arbeit begonnen, so daß ältere Arbeiten am Ende der Gruppe zu stehen kommen. Diese Anordnung hat sich bei der Anwendung der Bibliographie als praktischer erwiesen, als eine umgekehrte Ordnung, wo mit der ältesten vorliegenden Arbeit begonnen wird.

Jede einzelne literarische Angabe beginnt in der Bibliographie mit dem Titel der Arbeit (unterstrichen), es folgt der Autor beziehungsweise die Autoren. Die literarische Quelle, in den meisten

Fällen eine Zeitschrift, wird nach dem System der "Periodica Chimica" des Chemischen Zentralblattes abgekürzt, es folgt die Bandzahl (unterstrichen), Seite von - bis und Jahreszahl (in Klammern). Falls vorhanden werden, durch einen Gedankenstrich abgetrennt, Angaben über Referate angefügt, wobei die Angaben nachstehender 5 Literaturquellen berücksichtigt werden:

Bibliographie von R.P.Walton, abgekürzt: - W.Ref.
Chemical Abstracts. abgekürzt: - Ref. C.A.
Chemisches Zentralblatt, abgekürzt: - Ref. C.
Referatiwnyi Shurnal Chimija, abgekürzt: Ref.J.Chem.(russ.)
Zeitschrift "Die Stärke", abgekürzt: - Ref. Stärke

Jede Seite trägt oben die Klassifikationsnummer des hier vorliegenden Sachgebietes, um eine schnelle Orientierung über ein gesuchtes Thema zu ermöglichen. Unten befindet sich eine fortlaufende Seitennumerierung. Das am Ende des Bandes gebrachte Sachwort-(Schlagwort)-Verzeichnis weist auf die entsprechenden Klassifikationsnummern hin, unter denen das gesuchte Thema zu finden ist.

Hauptgruppe 0: Allgemeines

01. Allgemeine Literatur
   - 011. Fortschrittsberichte
   - 012. Allgemeines
   - 013. Bücher
   - 014. Zeitschriften

02. Dokumentation und Terminologie
   - 021. Dokumentation und Information
   - 022. Terminologische Fragen

03. Die Stärke-, Stärkesirup- und Stärkezuckerindustrie verschiedener Länder, Produktion und Wirtschaft
   - 031. Stärke- und Stärkesirupindustrie
   - 032. Stärkezuckerindustrie

04. Allgemeine industrielle Probleme
   - 040. Stärkegewinnung allgemein
   - 041. Allgemein gehaltene Patente
   - 042. Technologische Fragen, Fortschritte der Stärkegewinnung
   - 043. Schaum und Schaumbekämpfung
   - 044. Mikroflora der Stärke (Keimgehalt)
   - 045. Lagerung und Transport
   - 046. Rohstoffragen
   - 047. Arbeitsschutz, Staubexplosionen

05. Stärke- und Stärkezuckerhandel

050. Allgemeines

051. Stärke im In- und Außenhandel Deutschlands

052. Stärke im Handel europäischer Staaten (außer Deutschland)

053. Stärke im Handel überseeischer Staaten

054. Stärkezuckererzeugung und -Verkehr in Deutschland

055. Stärkezucker im Handel verschiedener Staaten (außer Deutschland)

056. Steuern und Zölle

06. Gesetzliche Bestimmungen

060. Allgemeine Bestimmungen

061. Standardisierungsfragen

062. Standards verschiedener Staaten

07. Forschung und Forschungsstätten

08. Tagungen und Gesellschaftsberichte

09. Geschichtliche Fragen

091. Zur Geschichte der Stärke

092. Literatur vor 1865

Hauptgruppe 0: Allgemeines

0. Allgemeines

- 01. Allgemeine Literatur
- 02. Dokumentation und Terminologie
- 03. Die Stärke-, Stärkesirup- und Stärkezuckerindustrie verschiedener Länder, Produktion und Wirtschaft
- 04. Allgemeine industrielle Probleme
- 05. Stärke- und Stärkezuckerhandel
- 06. Gesetzliche Bestimmungen
- 07. Forschung und Forschungsstätten
- 08. Tagungen und Gesellschaftsberichte
- 09. Geschichtliche Fragen

01. Allgemeine Literatur

- 011. Fortschrittsberichte
- 012. Allgemeines
- 013. Bücher
- 014. Zeitschriften

011. Fortschrittsberichte

(Vgl. auch "Zur Geschichte der Stärke": 091, "Bücher": 013 u. "Allgemeine Konstitutionsfragen, Stärke, Übersichten": 705)

Die letzten zehn Jahre Stärke-Forschung. Whistler, R.L. und Spencer, W.W. Stärke 12. 81-85 (1960) - Ref. C.A. 54, 13702 e (1960), C. 1961, 2467.

Das letzte Jahrzehnt der Stärkeforschung. Whistler, R.L. und Spencer, W.W. Brewers techn. Rev. 33. Nr. 5. 46-58 (1958). - Ref. C. 1959. 5320

Das letzte Jahrzehnt der Stärkeforschung. Whistler, R.L. und Spencer, W.W. Bakers Digest 32. Nr. 3. 38-41 (1958). - Ref. C. 1960. 2033

Stärke. Radley, J.A. Annu.Rep.Soc.chem.Ind.Progr.appl.Chem. 40. 735-46 (1955). - Ref. C.A. 51. 3872 e (1957).

Stärke. Radley, J.A. Rep.Progr.appl.Chem. 39. 771-78 (1954). - Ref. C. 1956. 10613

Stärke. Fuller, C.H.F. und Coton, L. Rep.Progr.appl.Chem. 37. 157-64 (1952). - Ref. C. 1950/54. 6531 S

Stärke. Fuller, C.H.F. Rep.Progr.appl.Chem. 35. 731-37 (1950), 36. 743-47 (1951) - Ref. C. 1955. 9926

Stärke. Fortschrittsbericht für 1947. Corran, J.W. Annu.Rep.Soc. chem.Ind.Progr.appl.Chem. 33. 492-503 (1948). - Ref. C. 1948. E, 1348

Fortschritte der Stärkeforschung. Lüers, Heinrich, Brauwissenschaft 1948. 53-58. - Ref. C. 1949. I. 1304

Neuere Fortschritte unserer Kenntnisse über die Stärke. Ling, A.R. Wschr.Brauerei 45. 37 (1928).

Die letzten Fortschritte in unserer Kenntnis der Stärke. Ling, A.R. J.Soc.chem.Ind. 46. 279-281 (1927). - Ref. C. 1927, II. 1466

Fortschritte auf dem Gebiet der Stärkeforschung. Fernbach, A. Chemiker-Ztg. 32. 1068 (1908) - W.Ref. 2300.

012. Allgemeines

(Allgemein gehaltene kurze Übersichten aus verschiedenen Teilen des Stärkegebietes, Nachwuchsfragen, Unterricht)

Die wichtigsten Stärkearten. Rohrlich, M. Müllerei 6. Nr. 25. wiss.Müllerei 1953. 47-48 - Ref. C. 1954. 1614.

Stärke. Samec, M. Nova Proizvodnja 3. 155-61 (1952). - Ref. C. A. 48. 1037h (1954), Stärke 6. 55 (1954)

Stärke, Dextrin, Stärkesirup und Dextrose. Newton, J.M. Trans. Amer.Assoc.Cereal Chemists 10. 120-26 (1952). - Ref. C. 1955. 9926

Nachwuchsfragen der Stärkeindustrie. Wolff, O. Stärke 3. 64-66 (1951).

Stärke und Stärkeerzeugnisse. Meyer, H. Soll u. Haben 1. 97-99 (1947), 104-06 (1948).

Bericht über den 4. Schulungslehrgang des Forschungsinstituts für Stärkefabrikation. Z.Spiritusind. 67. Nr. 27/30. 1 (1944).

Stärke, Dextrine und verwandte Produkte. U.S.Tariff Commiss., Rep. Ser. II. Nr. 138. 1-182. - Ref. C. 1941. I. 2875

Über Stärke. Myrbäck, Karl Svenska Bryggarefören. Månadsbl. 54. 425-37; 469-77. (1939). - Ref. C. 1940. I. 2080

Die Stärke. Samec, M. Chemiker-Ztg. 63. 353-56 (1939). - Ref. C. 1939. II. 2236.

Über Stärke. Shane, R.S. J.chem.Educat. 14. 460-63. (1937). - Ref. C. 1938. I. 1893

Die Stärke. Samec, M. Z.Volksernähr. 9. 275-77, 294-95 (1934) - Ref. C. 1935. I. 1552

Über Stärke. Eckert, Alfred und Marzin, Adolf J.prakt.Chem. 133. 110-13. (1932). - Ref. C. 1932. I. 2458

Stärke. 1.Mitt. Nishimura, S. J.agric.chem.Soc. Japan 8. 400-403 (1932). - Ref. C. A. 26. 5783 (1932).

Die Stärke, ihre Herstellung und ihre Verwendungsformen. Hacker, W. Seifenfachblatt 4. 49; 74; 86 (1932). - Ref. C. 1932. II. 3798.

Die Stärke, ihre Herstellung und ihre Verwendungsformen. Hacker, W. Chem.-Techn.Rdsch. 45. 272-73, 293. (1930). - Ref. C. 1930. II. 154

Unterrichtskursus für Betriebsleiter und Stärkemeister. Sprockhoff, M. Z.Spiritusind. 52. 282 (1929).

Studien über Stärke. Windisch, W. Wschr.Brauerei 41. 3-5 (1924); 42. 181-183, 187-189, 193-195, 199-201 (1925). - W.Ref. 419.

Technische Einteilung von Stärke und Stärkemehlen. Ihre Handelsbezeichnung. Arpin, M. Ann.Chim.analyt.Chim.appl. 26. 74-84 (1921). - Ref. C. 1921. IV. 198, - W.Ref. 1981.

Stärken. - Definitionen - Fälschungen und Nachahmungen. 6. Congr. int.Chim.appl., Rom, Proc. 7. 540-542 (1907). - W.Ref. 1958.

Über Stärke und Inulin. Fischer, H. Beih.bot.Zbl. 12. 226-242 (1902). - W.Ref. 552.

Stärke, Arrowroot, Sago und Tapioka. Sci. American 17. 133 (1867). - Ref. 2003

013. Bücher

(Auch Abschnitte aus nicht speziell Stärke behandelnden Werken. Spezielle Themen vgl. bei den entsprechenden Sachgruppen).

Stärke-Atlas, Grundlagen der Stärkemikroskopie und Beschreibung der wichtigsten Stärke-Arten. Seidemann, Johannes Verlag Paul Parey, Berlin und Hamburg 1966. 365 S., 233 Abb. u. 53 Tab.

Technologie der Stärke.(russ.) Tregubow, N.N. und Miljutin, A.A. Verlag Lebensmittelindustrie, Moskau 1965. 412 S. - Ref. Stärke 18. 201 (1966)

Technologie und technische Kontrolle der Stärke-Sirup-Industrie. 2. überarbeitete und ergänzte Auflage. (russ.) Burman, M.Je., Bytschkow, B.K., Weksler, B.A., Lukojanow, W.I., Malyshew, A.A. und Miljutin, A.A. Verlag Lebensmittelindustrie, Moskau 1965. 464 S.

Die Stärke: Chemie und Technologie, Teil 1 Grundlagen. Whistler, R.L. und Paschall, E.F. Academic Press, New York u. London 1965. (579 S.)

Stärke. Heyns, K., Hass, S. u. Voss, J. in F. Ullmann: Enzyklopäd. d.techn.Chem., Bd.16, Urban u. Schwarzenberg, Berlin-Wien (1965), S. 313-354.

Methoden der Kohlenhydratchemie. Teil V. Polysaccharide allgemein. Whistler, R.L., BeMiller, J.N. und Wolfrom, M.L. Academic Press, New York und London 1965. XV, 463 S. - Ref. Stärke 17. 270 (1965).

Methoden der Kohlenhydratchemie. Teil IV. Stärke. Whistler, R.L., Smith, R.J., BeMiller, J.N. und Wolfrom, M.L. Academic Press. Inc., New York 1964. 335 S. - Ref. Stärke 16. 238 (1964).

Die Chemie von Weizen, Stärke und Gluten und ihre Umwandlungsprodukte. Knight, J.W. London: L. Hill 1965. 156 S.

Die Projektierung von Anlagen für die Stärke-Sirup-Industrie. (russ.) Tregubow, N.N., Balanter, I.I., Beschentzew, B.K. und Grjasnow, M.M. Verlag "Lebensmittelindustrie" Moskau 1964. 315 S.

Die Gewinnung von Kartoffelstärke in Kolchosen und Sowchosen. (russ.) Pasiruk, K.I. und Burman, M.Je. Moskau, Pischtschepromisdat 1963. 167 S. - Ref. J. Chem. (russ.) 1965. 3 R299.

Lehrbuch der Polymeren. Billmeyer, F.W. jr. Interscience Publishers, a Division of John Wiley and Sons, New York und London 1963. 601 S. - Ref. Stärke 16. 204 (1964).

Lehrbuch der Stärke-Sirup-Industrie.(russ.) Bakanow, N.A., Burman, M.Je. und Ssolntzewa, N.W. Pischtschepromisdat 1962. 2. Aufl. 478 S. - Ref. J. Chem. (russ.) 1963. 5R277.

Technologie der Kohlenhydrate. (russ.) Agejew, L.M., Iwanow, Ss.S. und Smirnow, W.A. Pischtschepromisdat. Moskau 1961. 488 S. - Ref. Stärke 14. 302 (1962).

Grundlagen der Gewinnung und Trocknung von Stärke (Lehrbuch für Studenten von höheren Lebensmittel-Lehranstalten). Zelenka, S. und Kopřiva, B. Prag SNTL, 1960. 254 S. - Ref. J. Chem. (russ.) 1963. 14R256.

Technologie der Stärke- und Stärkesirupproduktion. (russ.) Bakanow, N.A., Bytschkow, B.K., Weksler, B.A., Kratschenko, Ss.F., Miljutin, A.A., Ssipjagin, A.Ss., Smirnow, W.A. und Tregubow, N.N. Pischtschepromisdat, Moskau 1959.520 S. - Ref. J. Chem. (russ.) 1960. 36583.

Technologie der Stärke- und Stärkesirupindustrie. (russ.) Ssilin, P.M. Wiss.techn.Verlag. Ministerium der Ind. Handelswaren, Moskau 1959. 54 S. - Ref. C.A.54. 6166f (1960)

Herstellung, Eigenschaften und Anwendung von Stärke. Wood, F. in J.Honeyman: Recent Advances in the Chemistry of Cellulose and Starch. 285-306. Heywood & Co.Ltd., London 1959.

Neuere Ergebnisse der Cellulose- und Stärkechemie. Honeymann, J. Heywood & Company Ltd., London 1959.

Industrielle Gummis: Polysaccharide und ihre Derivate. Whistler, R.L. und BeMiller, J.N. Academic Press, New York, London 1959. 766 S. - Ref. C. 1960. 2034, 7367

Stärke und ähnliche Polysaccharide. Whelan, W.J. Handbuch der Pflanzenphysiologie, Springer-Verlag Berlin-Göttingen-Heidelberg 1958. Bd. VI, 154-240.

Die Stärke. Schwär, Ch. Verlag A.Ziemsen, Wittenberg. H. 224 der Neuen Brehm-Bücherei, 104 S. 1958.

Technologie und technische Kontrolle der Stärke-Sirup-Industrie. 1. Aufl. (russ.) Bakanow, N.A., Burman, M.Je., Bytschkow, B.K., Weksler, B.A., Lukojanow, W.I., Malyshew, A.A. und Miljutin, A.A. Verlag Lebensmittelindustrie, Moskau 1957. 403 S.

Stärke, Vorkommen, Produktion und Verwendung. Brautlecht, A. Reinhold Publishing Corp. New York 1953. (408 S.)

Stärke und ihre Derivate. 3. Auflage. Radley, J.A. London, Chapman & Hall Ltd. 1953. Band 1/510 S., Band 2/465 S.

Handbuch für Stärke- und Sirupindustrie. (russ.) Bakanow, N.A., Burman, M.Je. und Ssolntzewa, N.W. Verlag Pischtschepromisdat, Moskau 1952, 376 S. - Ref. C. A. 49. 12867d (1955).

Allgemeine Technologie der Zuckersubstanzen. Rübenzucker, Raffinierter Zucker, Stärke, Stärke-Sirup und Glucoseherstellung. (russ.) Shura, K.D. Verlag für Lebensmittelindustrie, Moskau 1951, 447 S. - Ref. C. A. 48. 14264d (1954)

Stärke, Stärkesirup, Stärkezucker. Aehnelt, W.R. Technische Fortschrittsberichte Band 53. Dresden u. Leipzig 1951: Theodor Steinkopff 306 S. m. 66 Abb. u. 46 Tab.

"Chemie und Technologie der Stärke". Zweite verbesserte und erweiterte Auflage. Kerr, Ralph W. New York 1950. Academic Press Inc., 719 S. - Ref. Stärke 2. 285-286 (1950)

Chemie und Biologie der Stärke (De Chemie en de Biologie van het Zetmeel). Badenhuizen, N.P. Oosterhoek, Utrecht, 1949.

Die neueren Ergebnisse der Stärkeforschung. Heyns, K. Die Wissenschaft, Bd. 103, Herausgeber W. Westphal. Friedr. Vieweg & Sohn, Braunschweig 1949. 148 S. - Ref. Stärke 1. 132 (1949)

Die Stärkefabrikation. Schmidt, J. Verlag Dr. M. Jänicke, Hannover.

Chemie und Technologie der Stärke. Kerr, R.W. New York: Academic. Press Inc. 1944. 472 S. - Ref. C. 1947. 1340

Native und synthetische Hochpolymere. Meyer, K.H. New York. 1942.

Stärke und ihre Derivate. Readley, J.A. London: Champman u. H. 1940.(356 S.) - Ref. C. 1941. I. 977

Die Stärke. Netolitzky, F. In: Handbuch der Pflanzenanatomie von K. Linsbauer. Allgem. Tl.: Histologie. Bd. IV. 29 (1935). Verlag Gebr. Bornträger, Berlin.

Die Stärke und ihre Derivate. Anwendung u. Normierung der Stärkeprod. in SSSR. (russ.). Chosinski, W. und Lochtin, G. Moskau-Leningrad: Snabtechisdat 1934. (172 S.) - Ref. C. 1934. II. 1539

Stärke. Heiduschka, A. In Chem.Technologie der Neuzeit von Dammer, Stuttgart 1933. 256.

Stärke. Wolff, O. in F. Ullmann: Enzyklopäd.d.techn.Chem., Bd. 9, Urban u. Schwarzenberg, Berlin-Wien (1932). S. 573-597.

Die Chemie der Monosaccharide und Polysaccharide. Pringsheim, H. McGraw-Hill, New York 1932.

Die Struktur und Zusammensetzung von Nahrungsmitteln. 1. Getreide, Stärke, Ölsamen, Nüssen, Ölen, Futterpflanzen. Winton, A.L. und Winton, K.B. Wiley, New York 1932.

Stärke, ihre Fabrikation und technische Verwendung. Fabrikation von Kartoffelstärke u. dgl., von Stärkesirup, Dextrin, Kleister, Wäschereistärke, künstlichem Sago, Kartoffelmehl, plastischen Massen usw. (russ.) Gurewitsch, Ssolomon Ssamuilowitsch Moskau-Leningrad: Staatl. Landwirtschaftl. Verlag 1931. (120 S.) - Ref. C. 1932. I. 461

Ein umfassender Überblick der Stärkechemie (A Comprehensive Survey of Starch Chemistry) Walton, R.P. Chemical Catalog Company, New York 1928.

Stärke: Ihre Chemie, Technologie und Anwendung. Eynon, Lewis und Lane, J. Henry London: Heffer; Simpkin 1928. (256 S.) - Ref. C. 1929. I. 159

Die Stärke- und Sirupindustrie. (russ.) Rall, B. Moskau 1928. (90 S.) - Ref. C. 1928. II. 2686

Handbuch der Stärkefabrikation. 2. neubear.Aufl. Parow, Edmund Berlin: P. Parey 1928. (XVI, 768 S.) - Ref. C. 1928. II. 1397

Stärkeherstellung und die Herstellung von Dextrin, Stärkezucker, Syrup und Zuckerculör. Rewald, Felix New York: Van Nostrand 1926. (272 S.) - Ref. C. 1927. I. 2246

Die Stärkefabrikation. Rehwald, F. Leipzig, Wien, A. Hartleben 1924.

Einfache Kohlenhydrate und Glucoside. Armstrong New York 1924, 108 S.

Stärke. Matzdorf in Muspratts Chemie IV. 2, Chemische Technologie der Gärungsgewerbe. Nahrungs- und Genußmittel (Braunschweig 1922).

Die Polysaccharide. Pringsheim, H. Jul.Springer, Berlin. 1919.

Die Stärkefabrikation und die Fabrikation des Dextrins, des Stärkezuckers usw. Rehwald, F. Wien 1911 (309 S.).

Stärke, Dextrine, Kohlehydrate der Inulingruppe usw. Zemplén, Géza Biochem.Handlexikon, Berlin. 2. 114 (1911).

Lehrbuch der Stärkefabrikation. Saare, O. und E, Parow Berlin 1908.

Die Fabrikation der Kartoffelstärke. Saare, O. Berlin, Julius Springer 1896, 1897.

Die Industrie der Stärke und der Stärkefabrikate in den Vereinigten Staaten von Amerika und ihr Einfluss auf den englischen Markt. Saare, O. Berlin, Julius Springer 1896.

Mitteilungen für die gesamte Stärkeindustrie. Uhland 1890.

Kurzes Handbuch der Kohlenhydrate. Tollens, B. Verlag E. Trewendt, Breslau Bd. I. 1889, Bd. II. 1895.

Stärkefabrikation. Wagner, L.v. Braunschweig 1886 2. Aufl.

Die Stärkefabrikation. Wagner, L.v. Verlag: F. Vieweg & Sohn, Braunschweig 1884.

Die Stärke und die Mahlprodukte. Höhnel, Fr.v. Verlag Th.Fischer, Kassel 1882.

Stärkefabrikation. Stohmann, F. Verlag Paul Parey, Berlin 1878.

014. Zeitschriften

Die Stärkekartoffel, ab 1956 Beilage zu "Der Kartoffelbau", Verlag Th. Mann GmbH, Hildesheim

Journal of the Starch Sweetener Technological Society (Denpuntô Gijutsu kenkyû Kaihô) Japan.

Journal of the Technological Society of Starch of Japan. - Inhalt der Jahre 1953-1961/62 vgl. Stärke 17, 18-27 (1965). Kempf, W.

Journal of the Technological Society of Starch. (Denpun Kôgyô Gakkaishi) Fukagawa Hamazonocho Koto-Ku, Tokyo, Japan. 1. Band 1953

Die Stärke. Fachzeitschrift für Erforschung und Verwendung von Stärke und Stärkeerzeugnissen. 1. Band 1949. Wiss.Verlagsges. M.B.H. Stuttgart.

Stärke-Sirup-Industrie, regelmäßiger Teil in Sacharnaja Promyschlennost (russ.), Zucker-Industrie, Moskau, Z-0, Projesd Sserowa, d.15/2.

Die Bedeutung unserer "Mitteilungen aus dem Stärkegewerbe". Kröner, W. Z.Spiritusind. 58. 269 (1935).

Die Stärke, Zentralorgan für die gesamte Industrie der Stärke und ihrer Derivate und für die sämtlichen Stärke und Stärkeerzeugnisse verbrauchenden Industrien. Teil der "Zeitschrift für Spiritusindustrie" Verlag Paul Parey, Berlin SW 11, Hedemannstr. 28/29., Letzte Nummer Bd. 68, 1/4 (1945).

02. Dokumentation und Terminologie

021. Dokumentation und Information
022. Terminologische Fragen

021. Dokumentation und Information

Aspektklassifikation des Sachgebietes Nahrung und Ernährung. Institut für Ernährung der Deutschen Akademie der Wissenschaften zu Berlin, Potsdam-Rehbrücke. 1964, neue Aufl. 1966.

Zentraler Dokumentationsdienst sozialistischer Länder "Nahrung und Ernährung", Liefergruppe 9: Stärkegewinnung und -verarbeitung. Blankenstein, G. Lebensmittel-Ind. 11. 152-153 (1964)

Der Dokumentationsdienst "Stärkegewinnung und -verarbeitung". Dosdall, C. Lebensmittel-Ind. 9. 236-37 (1962).

Zur Dokumentation auf dem Stärkegebiet. Ulmann, M. Stärke 9. 113-21 (1957) - Ref. C.A. 52, 5864 g (1958)

Die Systematik der Stärke-Nachweiskartei des Instituts für Ernährungsforschung. Ulmann, M. Ernährungsforschung 1. 224-230 (1956). - Ref. J.Chem.(russ.) 1957. 46997.

Zur Frage der Literaturerfassung auf dem Gebiet der Stärke. Ulmann, M. Stärke 3. 318-321 (1951).

Stärke, Dextrine und Amylasen. Liste von Referaten, die sich mit ihrer Chemie und Technologie befasst. 3485 Referate. Walton, R.P. in R.P. Walton: A Comprehensive Survey of Starch Chemistry Part 2, S. 1-330. Chemical Catalog Company, New York 1928.

022. Terminologische Fragen (Definitionsfragen, Normung von Begriffen, Wörterbücher)

Zur Terminologie des Stärkegebietes 3.Mitt. Die Bedeutung eines Thesaurus der Stärke für deren Terminologie. Ulmann, M. Stärke 18. 81-86 (1966).

Wörterbuch des Stärkegebietes. Suzuki, S. und Kainuma, K. J.technol.Soc.Starch (Japan) 13. Nr.1 26-33 (1965).

Über die Präzisierung der Terminologie in der Stärke-Sirup-Industrie. Treguhow, N.N. Zucker-Ind. (russ.) 39. 788-90 (1965).

Internationale Normung von Begriffen und Definitionen auf dem Stärkegebiet. 3.Mitt. Graefe, G. Stärke 17. 263-68 (1965).

Internationale Normung von Begriffen und Definitionen auf dem Stärkegebiet. 2.Mitt. Graefe, G. Stärke 16. 381-85 (1964) - Ref. J. Chem.(russ.) 1965. 15 R 277.

Internationale Normung von Begriffen und Definitionen auf dem Stärkegebiet. 1.Mitt. Graefe, G. Stärke 16. 229-35 (1964) - Ref. J. Chem. (russ.) 1965. 5 R 400.

Zur Terminologie des Stärkegebietes. 2.Mitt. Entwurf für ein Fachwörterbuch des Stärkegebietes. 1. Teil. Ulmann, M. Ernährungsforschung 9. 501-12 (1964).

Zur Terminologie des Stärkegebietes. 1.Mitt. Der Begriff der Stärke. Ulmann, M. Stärke 16. 54-62 (1964). - Ref. J. Chem. (russ.) 1965 21 R 327, C. 1966, 13-3075.

Zur Terminologie des Stärkegebietes. 1.Mitt. Der Begriff der Stärke. Ulmann, M. Ernährungsforschung 9. 38-56 (1964) - Ref. J. Chem. (russ.) 1965. 16 R 275, C. 1966, 13-3075.

Aufbau eines technischen Thesaurus. Gillum, T.L. J.chem.Doc. 4. 29-32 (1964). - Ref. C. 1964. 1-0015.

Kleines Wörterbuch des Stärkegebietes. Ulmann, M. Ernährungsforschung 8. 93-169-(1963). - Ref. C. 1964. 10-2777. Stärke 16, 139 (1964), C.A. (M.) 59, 7743 b (1963)

Zur Frage eines mehrsprachigen Wörterbuches auf dem Gebiet der Stärke. Ulmann, M. Stärke 12. 108-12 (1960) - Ref. C. 1961, 686, Ref. J. Chem.(russ.) 1961, 3 N 274.

Tapioka oder Manioka? Seidemann, J. Drogist 3. Nr.5 14-15 (1957).

Begriffsbestimmungen für Stärkezuckerbestimmungen. Graefe, G. Stärke 8. 62-64 (1956) - Ref. C. 1957,2345.

Begriffs- und Qualitätsbestimmungen für 70er Stärkezucker. Hinz, A. Stärke 8. 60-62 (1956) - Ref. C. 1957, 2345.

Begriffs- und Qualitätsbestimmungen für Stärke und Stärkederivate. Graefe, G. Gordian 53. Nr.1270. 1-10 (1953).

Über den Gebrauch des Wortes Glukose. Biot. C.R.hebd.Séances Acad.Sci. 42. 351-352 (1856). - W.Ref. 30.

03. Die Stärke-, Stärkesirup- und Stärkezuckerindustrie verschiedener Länder, Produktion und Wirtschaft

031. Stärke- und Stärkesirupindustrie
032. Stärkezuckerindustrie

031. Stärke- und Stärkesirupindustrie

(Industrien und Anlagenbeschreibungen aus verschiedenen Ländern, Organisation, Wirtschaftslage, Produktion, Entwicklungen, Erfahrungen, Perspektiven, Planungen. Spezielle Stärken und Anlagen hierfür vgl. auch bei den entsprechenden Abschnitten)

Fünf Jahre Arbeit des Stärke-Sirup-Kombinates Werchnedneprowsk. Koslow, I.N. Zucker-Ind.(russ.) 40. Nr.4. 64-68 (1966)

Strukturumwandlung und technische Entwicklung in der schwedischen Kartoffelstärkeindustrie. Olsson, G. Stärke 17. 255-62 (1965).

Mechanisierung der Arbeitskapazität im Stärkesirup-Kombinat Kazack. Ssbitnew, A.Ss. Zucker-Ind.(russ.) 39. 787 (1965).

Technischer Fortschritt und Reserven in der Produktionszunahme von Stärkeerzeugnissen im Nord-Kaukasus. Gasdarow, A.A. Zucker-Ind. (russ.) 39. 783-86 (1965).

Ergebnisse und Entwicklungsaussichten der polnischen Stärkeindustrie. Turski, J. Przemysł spożywczy 1965. Nr.3. 19-25.- Ref. Stärke 17. 362 (1965).

Maizena-Werk, Krefeld die größte Stärkefabrik Europas. Kempf, W. Stärke 17. 241-42 (1965).

Gegenwärtiger Stand und zukünftige Entwicklung der Stärkeindustrie und Stärkeforschung in Japan. 2.Mitt. Mitteilung: Maisstärke - Weizenstärke - Mononatriumglutamat - Dextrin. Kempf, W. Stärke 16. 26-29 (1964) - Ref. J.Chem.(russ.) 1965. 23 R 359

Einige Fragen der Entwicklung der Stärke-Sirup-Industrie in der Nord-Ossetischen ASSR. Mjakotin, A.N. Nachr.Nord-Ossetischen Forsch.-Inst.beim Ministerium Nord-Ossetischen ASSR (russ.) 23. Nr.3. 51-69 (1964) - Ref.J.Chem. (russ.) 1966. 3 R 355.

Einige Fragen der Entwicklung der Stärke-Sirup-Industrie in der Nord-Ossetischen ASSR. Mjakotin, A.N. Nachr.Nord-Ossetischen Forsch.-Inst. beim Ministerium Nord-Ossetischen ASSR.(russ.) 23. Nr.2. 51-69 (1964). - Ref.J.Chem.(russ.) 1965. 20 R336.

Die Verarbeitung von Getreiderohstoff in der Arsamasser Stärkefabrik. Schtyrkowa, Je.A., Pawelew, Ss.I. und Kusnetzow, M.I. Zucker-Ind.(russ.) 1964. Nr.2. 52-54. - Ref.J.Chem.(russ.) 1964. 24 R313.

Allgemeines über die Lage der Stärkeindustrie in der UdSSR. Hersiczky, A. Szeszipar 12. 110-14, 124 (1964). - Ref.J.Chem. (russ.) 1965. 23 R368.

Gegenwärtiger Stand und zukünftige Entwicklung der Stärkeindustrie und Stärkeforschung in Japan. 1.Mitt. Stärkewirtschaft- Kartoffelstärke - Süßkartoffelstärke. Kempf, W. Stärke 15. 455-58 (1963) - Ref.J.Chem.(russ.) 1964, 17 R296.

Die Zukunft der Stärkeindustrie in Japan. Ida, M. J.technol.Soc. Starch (Japan) 10. 175-79 (1963).

Stand und Entwicklung der Stärkeindustrie in Venezuela. Ruiz, J.F. Stärke 15. 31-32 (1963).

Ein neues technologisches Schema der Reibestation der Saspensker Stärkefabrik. Skawpnew, A.T. Zucker-Ind.(russ.) 1963. Nr.11. 67-68. - Ref.J.Chem.(russ.) 1964. 9 R347.

Neues in der Technologie der Verarbeitung von Mais in der Klimower Stärke-Sirupfabrik im Jahre 1963. Prichodko, A.M. Zucker-Ind. (russ.) 1963. Nr.10. 45-47.- Ref.J.Chem. (russ.) 1964. 9 R351.

Modernisierung und Vergrößerung der Maisproduktenfabrik Baradero. Glover, T.B. Rev.River Plate 133. Nr.3486. 247-51 (1963). (russ.)- Ref.J.Chem. 1964. 7 R419.

031

Analyse der tatsächlichen Norm des Rohstoffverbrauches und der Produktionsausbeute in der Klimower Stärkefabrik. Buschujewa, T.A. Zucker-Ind.(russ.) 1963. Nr.9. 64-69. - Ref.J.Chem.(russ.) 1964. 5 R333.

Resultate der Arbeiten der Krasnoberesher Stärke-Sirupfabrik für die Verarbeitung von Meismehl zu Rohstärken und Sirup. Malinowskii, I.A. Zucker-Ind.(russ.) 1963. Nr.8. 620-24. - Ref.J. Chem.(russ.) 1964. 5 R331.

Gewinnung von Weizenstärke in Australien. Honsch, W.M. Zucker-Ind. (russ.) 37. 66-68 (1963).

Die Stärke-Sirup-Industrie der Ukraine. Schuchman, Ja.Sch. Zucker-Ind.(russ.) 36. Nr.9. 50-92 (1962). - Ref.J.Chem.(russ.) 1963. 2 R 281.

Die Stärkeproduktion in Trockengemüsefabriken. Guljaew, W.N. Konserven- u. Dörrgemüse-Ind.(russ.) 17. Nr.6. 22 -23 (1962) - Ref. J.Chem.(russ.) 1962, 24 N 469

Die neue Technik und Technologie im Maiskombinat Beslan. Bytschkow, B.K. Zucker-Ind.(russ.) 1962. Nr.6. 68-70. - Ref.J.Chem. (russ.) 1962. 24 N474.

Die technische Umorganisation der Stärkeindustrie der Weissruss. SSR in den Jahren 1960-65. Jurtschenko, Je.I., Koblentz, Tz.S. und Fedorowitsch, N.W. Arb.Weissruss.Forschungs-Inst.Ind.Versorgungswaren (russ.) 1962. Nr.5 121-41. - Ref.J.Chem.(russ.) 1963. 22 R318.

Die Technologie der Stärke-,Stärkesirup- und Dextrosegewinnung in der UdSSR. Fritze, A. Stärke 14. 218-24 (1962) - Ref.C.A. 11. 439 f (1962), C. 1963, 6817. C.A. 57. 11439f (1962).

Die Kartoffelstärke-Industrie in den USA. Treadway, R.H. Stärke 14. 212-18 (1962) - Ref.C.A. 57. 11439 g (1962), C.1963, 6818, Ref.J.Chem.(russ.) 1963. 4 R254.

Den Fragen der Selbstkostensenkung von Stärkeprodukten muß mehr Beachtung geschenkt werden. Ber, P.M. Zucker-Ind.(russ.) 36. Nr.2. 52-55 (1962).

Die Stärkeindustrie der Volksrepublik Polen. Pewsner, G.M. Moskau ZINTI Pischtschprom.(russ.) 1961. 88 S. - Ref.J.Chem.(russ.) 1962. 14 N344.

Die Produktion von Stärke im Wirtschaftsbezirk Lwow. Semljanski, F.T. Zucker-Ind.(russ.) 35. Nr.9. 60-62 (1961). - Ref.Stärke 14. 265 (1962), - Ref.J.Chem.(russ.) 1962, 6 N342.

Die neue Technologie in der Stärkefabrik Ossetinsk. Wostorgowa, Je.N. Zucker-Ind.(russ.) 35. Nr.10. 72-75 (1961) - Ref. Stärke 14. 226 (1962), C. 1962, 17957, Ref.J.Chem.(russ.) 1962, 11 N293.

Verfahrenstechnische Verbesserungen und Neuentwicklungen in der deutschen Stärke-Industrie. Kempf, W. Fette, Seifen, Anstrichmittel 63. 78-85, 148-53 (1961) - Ref.J.Chem.(russ.) 1961. 20 N215, 1961. 24 N310, C. 1962. 8451, Stärke 17. 97 (1965).

Die Jugoslawische Stärkeindustrie. Roman, K. Tehnika 16. Nr.6. Beil. Prehram.ind. 15. Nr.6. 87-90 (1961). - Ref.J.Chem.(russ.) 1962. 4 N362.

Aus den Erfahrungen beim Bau und Betrieb der ersten Kolchosen-Stärkefabrik in der Estnischen SSR. Ssikka, A.A. Zucker-Ind. (russ.) 35. Nr.11. 56-60 (1961). - Ref. Stärke 14. 226 (1962).

Über die Verteilung der Betriebe der Stärke- und Stärkesirupindustrie. Kagan, W.S. Zucker-Ind.(russ.) 35. Nr.4. 68-72 (1961) - Ref. Stärke 13. 354 (1961) - Ref.J.Chem.(russ.) 1961, 21 N239.

Über die Spezialisierung der Stärke- und Stärkesirupbetriebe Bjelorußlands. Jurtschenko, Je.I. Zucker-Ind.(russ.) 35. Nr.8. 60-62 (1961) - Ref.J.Chem.(russ.) 1962, 2 N370, C. 1963, 5291.

Entwicklungsperspektiven der Stärke- und Stärkesirupindustrie in der Bjeloruss. SSR. Lapjeta, D.D. Zucker-Ind.(russ.) 34. Nr.5. 44-46 (1960) - Ref.J.Chem.(russ.) 1960,98434.

Die Eigenschaften der in Japan hergestellten Stärken. Tsuchiya, K. und Ishimaru, K. J.technol.Soc.Starch (Japan) 7. 107-12 (1960). - Ref.J.Chem.(russ.) 1961. 24 N313.

Moderne Kartoffelstärkefabriken in Hokkaido. Hasegawa, Y. J.technol.Soc.Starch (Japan) 8. 64-75 (1960) - Ref.J.Chem.(russ.) 1962. 3 N297.

Über die nächsten Aufgaben der Stärke- und Stärkesirupindustrie im Lichte der Beschlüsse des Juliplenums des ZK der KPdSU. Burman, M.Je. Zucker-Ind.(russ.) 34. Nr.9. 4-7 (1960).

Die Aufgaben nach der zentralen Konferenz der Zucker- und Stärkeindustrie. Hofmann, H. Zuckererzeugung 4. 99 (1960).

Fragen einer beschleunigten Entwicklung der Stärke- u. Sirupindustrie in der UdSSR. Burman, M.Je. Zucker-Ind. (russ.) 34. Nr.3. 1-5 (1960) - Ref.J.Chem.(russ.) 1960, 75067.

Perspektiven der Entwicklung der Stärke-Sirupindustrie im Gebiet Rjasan. Ber, P.M., Miljutin, A.A. und Ssemenow, K.Ss. Arb. zentr.wiss.Forsch.-Inst.Stärke-Sirup-Ind.(russ.) 4. 118-29 (1960) - Ref.J.Chem.(russ.) 1961, 15 N353, Stärke 14, 335 (1962)

Fünfzehn Jahre Entwicklung der Konservierungs-, Brennerei- und Stärkeindustrie. Lutovský, J. Prŭmysl Potravin 11. 225-28 (1960).

Die Bedeutung der kartoffelverarbeitenden Industrie für die westdeutsche Landwirtschaft. Sühler, G. Kartoffelbau 11. Nr.3. Stärkekartoffel 5. Nr.2. 1 (1960).

Mehr Milchzucker, mehr Trockenmagermilch. Vorbildliche Gemeinschaftsarbeit zwischen Stärke- und Milchindustrie - Etwa 3,5 Mill. werden eingespart. Krüger, W. Dtsch.Milchwirtsch. 6. 307 (1959).

Die wichtigste Reserve zur Erhöhung der Erzeugung von Stärkeprodukten. Browkin, C.I. Zucker-Ind.(russ.) 33. Nr.4. 62-63 (1959).

Die Rolle der Stärke-Sirupindustrie in der Volkswirtschaft und Wege zu deren weiteren Entwicklung. Kagan, W.S. Arb.zentr. wiss.Forsch.-Inst.Stärke- u. Stärkesirup-Ind.(russ.) 3. 19-35 (1959). - Ref.J.Chem.(russ.) 1961. 15 N352.

Herstellung und Verbrauch von Stärke in Jugoslawien. Nicitović, M. Stärke 11. 246-48 (1959).

Die Stärke- und Stärkesirupindustrie der Ukraine. Rjabkin, Ss.B. Zucker-Ind.(russ.) 33. Nr. 2. 41-44 (1959).

Stand und Entwicklung der japanischen Stärkeindustrie. Kempf, W. Stärke 11. 133-36 (1959) - Ref.J.Chem.(russ.) 1959, 83757

Zur Errichtung von Stärkefabriken geringer Kapazität in Kolchosen und Sowchosen. Burman, M.Je. und Kagan, W.S. Zucker-Ind.(russ.) 33. Nr.6. 53-56 (1959) - Ref.J.Chem.(russ.) 1960, 6794

Die Kartoffelstärkeindustrie in Dänemark.Tzwetkow, Je.I. Zucker-Ind.(russ.) 33. Nr.4. 65-67 (1959).

Die Entwicklung und der gegenwärtige Stand der Stärkeindustrie in den Vereinigten Staaten. Hilbert, G.E. Stärke 10. 217-21 (1958)

Die Kartoffelstärke-Industrie in Deutschland. Hirosawa, S. J.technol.Soc.Starch (Japan) 5. 84-88 (1957).

Australischer Brief. Hönsch, W. Stärke 7. 290-92 (1955).

Australischer Brief. Hönsch, W. Stärke 6. 246-48 (1954).

Stärkeindustrie in den Vereinigten Staaten. Kihara, Y. J.technol. Soc.Starch (Japan) 1. special issue, 50 pp. (1954). - Ref.C. A. 49. 9945e (1955).

Australischer Brief. Hönsch, W. Stärke 5. 296-98 (1953).

Entwicklung und Probleme der Stärkeindustrie Jugoslawiens. Mautner, M. Stärke 5. 87-90 (1953).

Die Reis- und Stärkeindustrie in Ägypten. Stärke 5. 13 (1953).

Welche Forderungen muß die Stärkeindustrie an die deutsche Landwirtschaft stellen? Jany, W. Stärke 4. 100-103 (1952).

Beobachtungen und Erfahrungen in der amerikanischen Stärkeindustrie. Pelshenke, P.F. Stärke 4. 145-50 (1952).

Die Entwicklung der westdeutschen Stärkeindustrie von 1949 bis 1952 nach den Ergebnissen der Industrieberichterstattung. Bast, Wilhelm Stärke 4. 260-263 (1952).

Über die Entwicklung der sowjetischen Fabrikation der Stärke und ihrer Derivate. Hospes, B. Listy Cukrovarnické 67. 229-30 (1951). - Ref. C. 1954. 3823

Die neueste Entwicklung der niederländischen Kartoffelmehlindustrie. Duintjer, H.E. Stärke 3. 106-08 (1951).

Die westdeutsche Stärkewirtschaft in Vergangenheit und Gegenwart. Götze, W. Stärke 2. 17-21 (1950).

Australischer Brief. Hönsch, W. Stärke 2. 256-57 (1950).

Als Chemiker in Australien. Hönsch, W. Stärke 1. 75-76 (1949).

Wiederkehr der Kartoffelstärke in den U S A. Reichenberg, Harold E. Chem. Engng 56. 120-22. (1949). - Ref.Stärke 1. 79 (1949).

Die westdeutsche Stärkeindustrie. Produktionsbedingungen und Versorgungsmöglichkeiten. Kniep, Walther, Stärke 1. 20-23. (1949).

Die deutsche Stärkeindustrie. Meyer, H. Dtsch.Lebensmittel-Rdsch. 44. 114-119 (1948).

Die deutsche Stärkeindustrie. Meyer, Heinrich Getreide, Mehl, Brot 1. 61-64 (1947).

Wurzelstärkeherstellung jetzt auch in den Florida Everglades. Chem. metallurg.Engng. 53. Nr.3. 110-111 (1946).

Zur Stärkeerzeugungskampagne 1942/43. Hospes, B. Mitt.tschech. Akad.Landwirtsch. 19. 346-49. (1943). - Ref.C. 1944.II.1018

Die Kartoffelstärke und -trocknungsindustrie im Protektorat Böhmen und Mähren. Z.Spiritusind. 63. 105 (1940).

Stärkeindustrie in der Slowakei. Z.Spiritusind. 63. 157 (1940).

Stärkebewirtschaftung im Protektorat Böhmen und Mähren. Z.Spiritusind. 62. 348 (1939).

Rückgang der Stärkeproduktion in der ehemaligen Tschecho-Slowakei. Chem.Industrie Nr.8. (1939).

Die deutsche Stärkezuckerindustrie im Betriebsjahr 1937/38. Z.Spiritusind. 62. 93 (1939).

Die Stärkeindustrie in Schweden. Conrad, O. Z.Spiritusind. 62. 101-02 (1939).

Wichtige Nahrungsmittelindustrien im Jahre 1933. Wirtschaft u. Statistik 15. 387-88 (1935).

Zur wirtschaftlichen Lage der Stärkeindustrie Polens. Z.Spiritusind. 57. 267 (1934).

Die Lage der ungarischen Stärkeindustrie. Z.Spiritusind. 57. 259 (1934).

Die tschechoslowakische Kartoffelstärkekampagne 1934/35. Z.Spiritusind. 57. 259 (1934).

Statistik der Weizen-, Mais- und Reisstärkefabrikation in der Tschechoslowakei im Betriebsjahr 1932/33. Z.Spiritusind. 57. 86 (1934).

Russlands Spiritus- und Stärkeindustrie. Peters, C. Z.Spiritusind. 57. 34 (1934).

Die Stärke- und Dextrinfabriken in der Tschechoslowakei. Z.Spiritusind. 57. 28 (1934).

Die Lage auf dem tschechoslowakischen Markte für Kartoffelstärke und Sirup. Z.Spiritusind. 56. 7 (1933).

Die Lage der tschechoslowakischen Kartoffelstärkeindustrie. Z.Spiritusind. 56. 282 (1933).

Von der tschechoslowakischen Kartoffelstärkeindustrie. Z.Spiritusind. 55. 202 (1932).

Zur Lage der tschechoslowakischen Stärkeindustrie. Z.Spiritusind. 55. 129 (1932).

Die tschechoslowakische Stärkeindustrie im Jahre 1930. Z.Spiritusind. 55. 56 (1932).

Stärke- und Sirupindustrie in Ungarn. Z.Spiritusind. 55. 56 (1932).

Kartoffelstärkeindustrie in Frankreich. Z.Spiritusind. 55. 259 (1932).

Zur Geschäftslage der deutschen Kartoffelstärkeindustrie. Z.Spiritusind. 55. 253 (1932).

Die holländische Kartoffelstärke-Industrie. Z.Spiritusind. 32. 50 (1932).

Statistik der tschechoslowakischen Stärkeindustrie in der Kampagne 1929/30. Z.Spiritusind. 54. 243 (1931).

Zur Geschäftslage der Kartoffelstärkeindustrie in der Tschechoslowakei. Z.Spiritusind. 54. 116 (1931).

Lage der italienischen Kartoffelstärkeindustrie. Z.Spiritusind. 54. 146 (1931).

Die Lage der Stärke-Industrie in Polen in der Kampagne 1930/31. Z. Spiritusind. 54. 98 (1931).

Polens Kartoffelstärke- und Kartoffelflockenindustrie. Z.Spiritusind. 54. 39 (1931).

Die Entwicklung der österreichischen Kartoffelstärkeindustrie. Z. Spiritusind. 54. 60 (1931).

Die tschechoslowakische Kartoffelstärkeindustrie. Z.Spiritusind. 54. 17 (1931).

Neue Absatzwege für die deutsche Kartoffelstärkeindustrie. Lintner, R. Z.Spiritusind. 54. 9 (1931).

Die teilweise Lahmlegung der russischen Sirup- und Stärkebetriebe. Peters, C.H. Z.Spiritusind. 54. 4 (1931).

Hilfsmaßnahmen für die deutsche Kartoffelstärke-Industrie. Z.Spiritusind. 53. 106 (1930).

Welches Interesse hat der deutsche Kartoffelbau an einer günstigen Entwicklung der Kartoffelstärkeindustrie? Jany, W. Z.Spiritusind. 53. 229-30 (1930).

Stärkefabrik oder Futterfabrik? Wolff, O. Z.Spiritusind. 53. 96 (1930).

Die Standorte der deutschen Stärkeindustrie. Schmidt, B. Z.Spiritusind. 53. 218-19 (1930).

Die Lage der tschechoslowakischen Weizenstärkeindustrie. Z.Spiritusind. 53. 182 (1930).

Von der tschechoslowakischen Kartoffelstärkeindustrie. Z.Spiritusind. 53. 144 (1930).

Russische Stärke- und Sirup-Herstellung im Spiegel der Zahlen. Peters, C.H. Z.Spiritusind. 53. 120 (1930).

Über die Stärkeindustrie in Russland. Peters, C.H. Z.Spiritusind. 53. 120 (1930).

Maßnahmen zum Schutze der Kartoffelstärkeindustrie in der Tschechoslowakischen Republik. Z.Spiritusind. 52. 118 (1929).

Die Kartoffelstärkeindustrie in Polen. Z.Spiritusind. 52. 133 (1929).

Stärke-, Stärkesirup- und Hefeindustrie in Russland. Peters, C.H. Z.Spiritusind. 52. 79 (1929).

Krise der Stärkeproduktion. Z.Spiritusind. 52. 261 (1929).

Zur Lage der Kartoffelstärkeindustrie. Lanz, K. Z.Spiritusind. 52. 176 (1929).

Die deutsche Kartoffelstärke-Industrie im Jahre 1928. Z.Spiritusind. 52. 38 (1929).

Stärkeerzeugung in der Tschechoslowakei 1929/30. Z.Spiritusind. 52. 314 (1929).

Kartoffelstärke und Maisstärke in der Tschechoslowakei. Z.Spiritusind. 52. 141-42 (1929).

Schicksal eines Stärke-Neuunternehmens im Nord-Kaukasus. Peters, C.H. Z.Spiritusind. 52. 10 (1929).

Das Fünfjahr-Programm der russischen Stärke- und Sirup-Herstellung. Peters, C.H. Z.Spiritusind. 52. 180 (1929).

Die Stärkeindustrie in der tschechoslowakischen Republik. Z.Spiritusind. 51. 125 (1928).

Aus der russischen Stärke- und Sirupindustrie. Peters, C. Z.Spiritusind. 50. 239 (1927).

Bemerkungen zur Kampagne in der Stärke- und Trocknungsindustrie. Ekhard, W. Z.Spiritusind. 50. 284-85 (1927).

Die polnische Kartoffelstärke-, Sirup- und Trocknungsindustrie. Z. Spiritusind. 50.122 (1927).

"Zur Herbstkampagne 1926 der deutschen Kartoffelstärke-Industrie." Z.Spiritusind. 50. 36 (1927).

Polens Stärkeindustrie und Kartoffeltrocknerei. Z.Spiritusind. 43. 108 (1920).

Der notwendige Wiederaufbau der Kartoffeltrocknungs- und Stärke-Industrie. Parow, E. Z.Spiritusind. 43. 339, 345, 351, 360, 367, 375, 381 (1920).

Das Reichs-Arbeitsblatt zur Beschäftigung der Kartoffelstärkeindustrie im Januar 1920. Lindner, R. Z.Spiritusind. 43. 115 (1920).

Über die Freigabe der Kartoffelbewirtschaftung, die Bildung einer Reichsreserve und eine Einschränkung der Verarbeitung von Kartoffeln in Brennereien, Trocknereien und Stärkefabriken. Parow, E. Z.Spiritusind. 43. 243 (1920).

Herstellung von Stärkeprodukten in Sowjetrußland im Jahre 1919. Z. Spiritusind. 43. 148 (1920).

Über die Lage der holländischen Dextrinindustrie im Jahre 1919. Z. Spiritusind. 43. 11 (1920).

Erhöhte Herstellerpreise für die Erzeugnisse der Stärkefabrikation und der Kartoffeltrocknerei. Lindner, R. Z.Spiritusind. 42. 59-60 (1919). - W.Ref. 2341.

Die Leistungsfähigkeit der deutschen Stärkeindustrie. Lindner, R. Z.Spiritusind. 41. 335 (1918). - W.Ref. 2333.

Kartoffelverwertung in Europa. Skinner, R.P. U.S.Bur.Foreign Domestic Commerce,spec.Cons.Rep. Nr. 64. 44 S. (1914). - W.Ref. 2324.

Die Glucose- und Stärkeindustrie in den Vereinigten Staaten. Metallurg.chem.Engng. 11. 689-99 (1913). - W.Ref. 2320.

Die Rohstärkefabriken Fritzow und Drammin. Parow, E. Z.Spiritusind. 36. 217, 255-256 (1913). - W.Ref. 2321.

Stärkeindustrie in Chiba. Tanaka, Y. J.Soc.chem.Ind.Japan (Kogyo Kwagaku Zasshi) 15. Nr. 178. 1298-1312 (1912). - W.Ref. 2318.

Die Stärkeindustrie Großbritaniens. Traquair, John J.Soc.chem.Ind. 31. 1016-18. (1912). -Ref. C. 1913. I. 131.

Über die Geschäftslage der deutschen Stärkefabrikation im Jahre 1910. Z.Spiritusind. 34. 163-64 (1911).

Die wirtschaftliche Lage der Stärkeindustrie im Jahre 1910. Günther, E. Z.Spiritusind. 34. 149-51 (1911).

Stärkeindustrie und Kartoffeltrocknerei im Regierungsbezirk Bromberg. Z.Spiritusind. 34. 268 (1911).

Der gegenwärtige Stand der Stärkeindustrie. Laurent, Rev.gén.Chim. pure appl. 14. 105-16 (1911). -W.Ref. 2314.

Die Stärkeindustrie in Frankreich. Francois, L. Rev.sci. 49. 461-466 (1911). - W.Ref. 2313.

Die holländische Stärkefabrik im Vergleich mit der französischen. Stanton, R. Bull.Soc.Encouragement Ind.nat. 107. 1467-1473 (1908). - W.Ref. 2302 Ref.C.A. 3. 1103 (1909).

Die Hauptergebnisse der gewerblichen Betriebsstatistik von 1907 für die Fabrikation von Stärke und Stärkeprodukten in Preussen. Student, M. Z.Spiritusind. 31. 527 (1908).

Die Stärkeerzeugung auf den Philippinen. Bacon, R.F. Philippine J.Sci. 3. A. 93-98 (1908). - W.Ref. 2071.

Produktion der deutschen Stärke-Industrie (1901-1904). Z.Spiritusind. 28. 441 (1905).

Über die Stärkefabrikation in den Vereinigten Staaten von Amerika. Z.Spiritusind. 27. 269 (1904).

Bericht über die wirtschaftliche Lage des Gewerbes der Stärkefabrikation. Z.Spiritusind. 27. 75-76 (1904).

Preßhefe-, Malz- und Stärke-Fabrikation in Russland. Bronn, I. Z. Spiritusind. 25. 31-32 (1902).

Die technischen Verhältnisse der Stärkefabrikation im Betriebsjahre 1892-1893. Saare, O. Wagner's Jber.chem.Technol. 39. 778-782 (1893). -W.Ref. 2258.

Adresse an den Präsidenten, Society of Chemical Industry, 1900. Chandler, C.F. J.Soc.chem.Ind. 19. 617 (1900). - W.Ref. 2283.

Über Stärke und ihre Derivate aus der Fabrik A.Schumann in Düttlenheim und Düppigheim im Elsaß. Kopp, Ch. Bull.Soc.ind.Mulhouse 59. 170-181 (1889). - W.Ref. 2237.

Über Stärkeindustrie und über die hauptsächliche Anwendung stärkehaltiger Stoffe in Beziehung zur Landwirtschaft. Stärke - Dextrin - Glukose - Maltose- Cerealose - Alkohol. Rotondi, E. Ann. Agric. (Roma) 143. 160 (1887). - W.Ref. 2229.

Die Stärkeindustrie. Toso, P. Ann.Agric. (Roma) 1885, Nr. 90, 66 S. - W.Ref. 2222.

Eine Stärkefabrik. Boston J.Chem. 5. 124 (1870-71). - W.Ref. 2202.

Ein Besuch bei den Oswego Stärke-Werken. Sci.American 14. 341 (1866). - W.Ref. 2193.

032. Stärkezuckerindustrie

(Wirtschaftslage, Produktion, Betriebsergebnisse in verschiedenen Ländern. Vgl. auch Technologie der "Dextrose":39).

Die derzeitige Lage und die Perspektiven der Entwicklung der Glucose-Industrie. Suzuki, S. J.Food Sci.Technol. 11. Nr.2. 68-84 (1964). - Ref.J.Chem. (russ.) 1965. 3 R309.

Herstellung von Glucose in Indien. Bansal, S. Chem.Age India 14. 535-38 (1963). - Ref.J.Chem.(russ). 1965. 1 R232.

Gegenwärtiger Stand und zukünftige Entwicklung der Stärkeindustrie und Stärkeforschung in Japan. 4.Mitt. Fructose. Kempf, W. Stärke 16. 96-99 (1964). - Ref.J.Chem.(russ.) 1965. 23 R361.

Ein Überblick über die Dextrose-Industrie in Japan. Suzuki, S. Stärke 16. 285-93 (1964) - Ref.J.Chem.(russ.) 1965. 21 R328.

Gegenwärtiger Stand und zukünftige Entwicklung der Stärkeindustrie und Stärkeforschung in Japan. 3.Mitt. Stärkesirup-Maltosesirup-Dextrose-Total Sugar-Zuckerkulör-Sorbitol. Kempf, W. Stärke 16. 63-65 (1964) - Ref.J.Chem.(russ.) 1965. 23 R360.

Eine neue Sorbitfabrik "Atlas". Canad.chem.Processing 46. Nr.5. 34 (1962). - Ref.J.Chem.(russ.) 1963. 3R268.

Betriebsergebnisse der Stärkezuckerfabriken und versteuerte Stärkezucker- und Stärkezuckersirupmengen im Bundesgebiet. Stärke 5. 69-70 (1953).

Bestände an Stärkezucker in Stärkezuckerfabriken und öffentlichen Lagern am 30.September 1938. Z.Spiritusind. 62. 4 (1939).

Steuerfrei abgelassener Stärkezucker im Betriebsjahr 1937/38. Z. Spiritusind. 62. 4 (1939).

Im Januar 1939 versteuerter und steuerfrei abgelassener Stärkezucker. Z.Spiritusind. 62. 101 (1939).

Betriebsergebnisse der Stärkezuckerfabriken im Januar 1939 und seit Beginn des Betriebsjahres (1.Oktober 1938). Z.Spiritusind. 62. 107 (1939).

Die Herstellung von Stärkezucker, Stärkesirup, Zuckerfarben und Abläufen seit Beginn des Jahrhunderts. Z.Spiritusind. 57. 315 (1934).

Im Betriebsjahr 1933/34 mit Anspruch auf Zuckersteuervergütung ausgeführte oder niedergelegte stärkezuckerhaltige Waren. Z.Spiritusind. 57. 331 (1934).

Bestände an Stärkezucker in Stärkezuckerfabriken und öffentlichen Lagern am 31. August 1934. Z.Spiritusind. 57. 299 (1934).

Deutschlands Stärkezuckererzeugung im Betriebsjahre 1925/26. Z. Spiritusind. 50. 179 (1927).

Deutschlands Stärkezuckererzeugung im Betriebsjahr 1924/25. Z. Spiritusind. 49. 169 (1926).

Die Stärkezuckergewinnung im Deutschen Reiche während des Krieges. Hennig Z.Spiritusind. 43. 148 (1920).

Stärkezuckergewinnung im Deutschen Reiche während des Betriebsjahres 1910/11. Z.Spiritusind. 34. 622 (1911).

Die Gewinnung von Stärkezucker in Österreich im Betriebsjahre 1908/09. Student, M. Z.Spiritusind. 34. 243 (1911).

Die Gewinnung von Stärkezucker in Österreich im Betriebsjahre 1906/07. Student, M. Z.Spiritusind. 32. 151 (1909).

Die Gewinnung von Stärkezucker in Österreich im Betriebsjahre 1905/06. Student, M. Z.Spiritusind. 31. 503 (1908).

Die Gewinnung von Stärkezucker in Österreich im Betriebsjahre 1904/05. Z.Spiritusind. 31. 199 (1908).

Die Gewinnung von Stärkezucker in Ungarn im Betriebsjahre 1903/04. Student, M. Z.Spiritusind. 31. 187 (1908).

Stärkezucker-Industrie in Grossbritanien. Z.Spiritusind. 30. 479-80 (1907).

Stärkezucker-Gewinnung im deutschen Zollgebiete während des Betriebsjahres 1905/06. Student, M. Z.Spiritusind. 30. 2 (1907).

Die Gewinnung von Stärkezucker in Österreich im Betriebsjahre 1903/04. Z.Spiritusind. 29. 53 (1906).

Die Erzeugung von Stärkezucker und Stärkesirup in Grossbritanien. Z.Spiritusind. 27. 369 (1904).

Die Gewinnung von Stärkezucker in Österreich (den im Reichsrate vertretenen Königreichen und Ländern) im Betriebsjahre 1901/02. Student, M. Z.Spiritusind. 27. 109 (1904).

Die Erzeugung von Stärkezucker in Österreich-Ungarn im Betriebsjahre 1898/99. Z.Spiritusind. 25. 272 (1902).

Die Produktion von Stärkezucker im deutschen Zollgebiet während des Betriebsjahres 1891/92. Z.Spiritusind. 15. 410 (1892).

04. Allgemeine industrielle Probleme

- 040. Stärkegewinnung allgemein
- 041. Allgemein gehaltene Patente
- 042. Technologische Fragen, Fortschritte der Stärkegewinnung
- 043. Schaum und Schaumbekämpfung
- 044. Mikroflora der Stärke (Keimgehalt)
- 045. Lagerung und Transport
- 046. Rohstoffragen
- 047. Arbeitsschutz, Staubexplosionen

040. Stärkegewinnung allgemein

(Patente vgl. 041. Gewinnung von speziellen Stärken vgl. auch bei den entsprechenden Abschnitten).

Chemie und Gewinnung der Stärke. Koman, I. Chem.and chem.Ind. 16. 363-72 (1963). - Ref.J.Chem. (russ.) 1964. 1 R317.

Die große Bedeutung der Chemie bei der Gewinnung und Anwendung der Stärke. Nikuni, D. Chem.and chem.Ind. (Kagaku to Kogyo) 13. 756-62 (1962) - Ref.J.Chem.(russ.) 1963. 12 R299.

Stärke und deren Gewinnung. Hansen, V. Ingeniøren B70. 378-82 (1961) - Ref. J.Chem.(russ.) 1962. 3 N294.

Die übliche Abtrennung der Stärken. Horwood, M. In Recent Advances Proc.Cereals Symp. London 1961. 128-42.

Die Antwort auf die Fragen der Beschäftigten in den Stärkefabriken. 4. Mitt. Takei, M. J.technol.Soc.Starch (Japan) 7. 77-83 (1959).

Fragen und Antworten in den Stärkefabriken. 3. Mitt. Takei, M. J. technol.Soc.Starch (Japan) 6. 132-37 (1959).

Fragen und Antworten in der Stärkefabrik. 2. Mitt. Takei, M. J. technol.Soc.Starch (Japan) 6. 80-84 (1959).

Die Antwort auf die Fragen der Beschäftigten in den Stärkefabriken. 1.Mitt. Takei, M. J.technol.Soc.Starch (Japan) 6. 34-39 (1958).

Herstellung und Reinigung von Stärke. Ein Überblick über die Literatur der letzten 10 Jahre. Kawamura, S. J.technol.Soc.Starch (Japan) 5. 1-8 (1957).

Die Theorie der Stärkeextraktion. Vender, Milan Sbornik vysoké chem.-technol.Praze 1957. 293-320. - Ref.C.A. 53. 2656h (1959), Ref.J.Chem.(russ.) 1960. 15306.

Isolierung von Pflanzenstärken. Johnston, F.B. Nature (London) 178. 370 (1956). - Ref. Stärke 8. 275 (1956), C. 1957, 3410, C.A. 50, 17498h (1956).

Stärkegewinnung. Übersicht. Giannoni, G. Rev.Brasil Quim. 35. 213-20 (1953). - Ref. C. 1956. 5980.

Stärkeherstellung. MacMasters, M.M., Slotter, R.L. und Jaeger, C.M. Amer.Miller Processor 75. 82-83 (1947).

Herstellung und Verwendung von Stärke und Stärkeerzeugnissen. Kröner, W. Mehl u. Brot 40. 325-29. (1940). - Ref. C. 1940. II. 2399.

Die Herstellung von Stärke, Dextrin und Britischgummi und ihre Anwendung. Crown, H.A. Amer.Dyestuff Reporter 19. 83-89. (1930). - Ref. C. 1930. I. 2186.

Isolierung der Stärke aus Pflanzenmaterial durch Ausfrieren. Spoehr, H.A. und Milner, H.W. J.biol.Chemistry 116. 493-502. (1936) - Ref. C. 1937. I. 2795.

Stärkefabrikation und Wetter. Tryller, H. Z.Spiritusind. 56. 60. (1933). - Ref. C. 1933. I. 3507

Der Wert der Stärkefabrikrevisionen. Parow, E. Z.Spiritusind. 49. 38-39 (1926).

Die Herstellung von Stärke, Glucose und Nebenprodukten. Williams, R.H. Canad.Chem.Metallurgy 5. 195-196 (1921). - W.Ref. 2355. Ref. C.A. 15. 3224 (1921).

Industrielle Extraktion von Stärken. Ind. chim. 11. 89-91 -W.Ref. 2312, Ref. C.A. 5. 2345 (1911).

Stärkefabrikation. Hanow, H. Chemiker-Ztg. 30. 933-935, 949-951 (1906). - W.Ref. 2296.

Stärkefabrikation. Hanow, H. Chemiker-Ztg. 29. 881-884 (1905). - W.Ref. 2295, Ref. C. 1905. II.939.

Stärkefabrikation. Hanow, H. Chemiker-Ztg. 28. 403-405 (1904). - W.Ref. 2292, Ref. C. 1904. I, 1583.

Stärkefabrikation. Hanow, H. Chemiker-Ztg. 27. 323-326 (1903). - W.Ref. 2290.

Über den Einfluß von Gewittern auf die Stärkefabrikation. Federer, B. Chemiker-Ztg. 27. 925-926 (1903). - W.Ref. 2289.

Methode zur Stärkeherstellung. (Auszug) Duryea, Ch.B. J.Soc.chem. Ind. 19. 1126 (1900) - W.Ref. 2284.

Stärke aus stärkehaltigen Substanzen. Benni, S. Russ.Privileg Nr. 1198 (1898). - Ref. C. 1899. I. 784.

Stärkefabrikation. Saare, O. Wagner's Jber.chem.Technol. 40. 793-795 (1894). - W.Ref. 2264.

Über die Herstellung und Untersuchung von Stärke. Dinglers, polytechn.J. 255. 209-213 (1885). - W.Ref. 1940.

Wie wird Stärke hergestellt. Sci.American 53. 180 (1885). - W.Ref. 2221.

Stärkefabrikation und Verwertung der Nebenproducte derselben. Gintl, W.F. Dinglers polytechn.J. 214. 221-226 (1874). - W.Ref. 2455.

Die Herstellung von Stärke. Sci.American 12. 81 (1865). - W.Ref. 2192.

041. Allgemein gehaltene Patente
(Stärke, Stärkegewinnung, Verarbeitung von stärkehaltigem Material)

Stärkegewinnung. Stamicarbon, N.V. Ind.P. 75 440 vom 21/2. 1961. id.mit Port.P. 38 107. - Ref. C. 1964. 46-2622.

Stärkegewinnung. Stamicarbon, N.V. (Erfinder: Dreissen, H.H.). A.P. 3 079 283 vom 16/2. 1961., ausg. 26/2. 1963. Holl.Prior. 25/2. 1960., id.mit Port.P. 38 107. - Ref. C. 1964. 43-2765.

Verfahren zur Herstellung von Stärke und Nebenprodukten aus Kartoffeln, Maniokawurzeln und dgl. Stamicarbon, N.V. D.A.S. 1 135 390 Kl.89k2 vom 17/2. 1961., ausg. 23/8. 1962. Holl.Prior. 25/2. 1960. - Ref. Stärke 16. 33 (1964), C.A.(M) 58, 2562 e (1963).

Stärke. National Industrial Products Co. (Erfinder: Roscelli, G.A.). A.P. 3 036 936 vom 14/1. 1960., ausg. 29/5. 1962. - Ref. C.A. 57. 3684c (1962). C. 1964. 30-2366, Stärke 16, 170 (1964)

Verarbeitung von stärkehaltigem Material. Corn Products Co. E.P. 909 070 vom 9/9. 1960., ausg. 24/10. 1962. A.Prior. 14/9. 1959. - Ref. C. 1964. 10-2781, C.A.(M.) 58, 4724 a (1963).

Verarbeiten von stärkehaltigem Material. Corn Products Co. Ind.P. 71 146 vom 21/3. 1960. - Ref. C. 1964. 29-2574.

Verarbeitung von stärkehaltigem Material. Corn Products Co. Port. P. 37 569 vom 12/9. 1960., Auszug veröff. 27/5. 1961. A.Prior. 14/9. 1959. - Ref. C. 1962. 12867.

Stärke. Corn Product Co. (Erfinder: Meisel, H. und Jackson, J.E.). E.P. 853 773 ausg. 9/11. 1960., id.mit A.P. 3 029 168 u. F.P. 1 188 604. - Ref. C.A. 55. 17056b (1961), C. 1962. 6240.

Gewinnung von Stärke. Stamicarbon, N.V. F.P. 1 220 718 vom 21/4. 1959., ausg. 27/5. 1960. Holl.Prior. 23/4. 1958., id.mit D.A.S. 1 084 600. - Ref. C. 1964. 44-2488.

Gewinnung von Stärke. Stamicarbon, N.V. F.P. 1 198 917 vom 18/2. 1958., ausg. 10/12. 1959. Holl.Prior. 18/2. 1957., id.mit D.A.S. 1 075 510. - Ref. C. 1962. 7733.

Verfahren zur Gewinnung von Stärke aus Rohgut, wie Kartoffeln, Maniokawurzeln und dgl. Stamicarbon, N.V. Poln.P. 42 091 Kl.89k vom 17/2. 1958, ausg. 8/10. 1959. Holl.Prior. vom 18/2. 1957.

Gewinnung von Stärke. Corn Products Co. (Erfinder: Meisel, H. und Jackson, J.E.). A.P. 3 029 168 vom 15/10. 1958., ausg. 10/4. 1962., E.Prior. 30/9. 1957; id.mit E.P. 853 773. - Ref. C. 1963. 7198.

Verfahren zur Gewinnung von Stärke aus Rohgut, wie Kartoffeln, Maniokawurzeln und dgl. Mij. voor Kolenbewerking Stamicarbon, N.V. D.A.S. 1 075 510 Kl.89k vom 11/2. 1958., veröff. 11/2. 1960., id.mit A.P. 2 974 068, F.P. 1 198 917, OeP. 212239. - Ref. C. 1960, 12526 , Stärke 12. 342 (1960).

Herstellung von Stärke. Corn Products Refining Co. F.P. 1 188 604 vom 18/11. 1957., ausg. 24/9. 1959; E.Prior. 30/9. 1957., id.mit E.P. 853 773. - Ref. C. 1964. 20-2788.

Gewinnung von Stärke auf nassem Wege. Corn Products Refining Co. (Erfinder: Dovil, D.W. und Martin, H.D.). F.P. 1 173 438 vom 30/3. 1957., ausg. 25/2. 1959. A.Prior. 13/11. 1956., id.mit D.A.S 1 026 250. - Ref. C. 1962. 7733.

Gewinnung von Stärke. Corn Products Refining Co. Belg.P. 556 527 vom 9/4. 1957, ausg. 26/2. 1960. A.Prior. 13/11. 1956., id.mit D.A.S. 1 026 250. - Ref. C. 1961. 3842.

Stärkegewinnung. Corn Products Refining Co. Ind.P. 59 878 vom 12/3. 1957., ausg. 13/8. 1959. - Ref. C. 1962. 1059.

Gewinnung von Stärke. Dorr-Oliver, Inc. (Erfinder: Peltzer, A.). Schwz.P. 350 623 vom 27/8. 1956., ausg. 14/1. 1961. A.Prior. 19/1. 1956. - Ref. C. 1962. 1059.

Stärke, und Verfahren zur Herstellung derselben. Corn Products Co. (Erfinder: Hobbs, K.C.) A.P. 2 884 347 vom 9/3. 1956, ausg. 28/4. 1959. - Ref.J.Chem.(russ.) 1960. 40509, C. 1961. 12670, C.A. 53. 12719 c (1959), Stärke 12. 279 (1960).

Apparat zur kontinuierlichen Herstellung von Stärke. Shiratsuchi, I. Japan P. 1332('55) 26/2. 1955. - Ref. C.A. 50. 17500g (1956).

Herstellung von Stärke. Union Carbide Corp. E.P. 832 746 vom 8/11. 1955., ausg. 13/4. 1960. A.Prior. 1/2. 1955. - Ref. C. 1962. 1059.

Verfahren zur Herstellung von Stärke und Nebenprodukten aus Kartoffeln und Casava-Wurzeln. Stamicarbon, N.V. Span.P. 209 411 ausg. 20/5. 1955. - Ref. Stärke 13. 382 (1961).

Herstellung von Stärke und von Nebenprodukten aus Kartoffeln, Maniokawurzeln und anderen. Mij. voor Kolenbewerking Stamicarbon, N.V. Oe.P. 180 914 vom 15/5. 1953, ausg. 25/1. 1955. Holl.Prior. 21/5. 1952. - Ref. C. 1955. 4723.

Verfahren zur Gewinnung von Stärke und Nebenprodukten aus Rohstoffen, wie Kartoffeln und Maniokawurzeln. Mij. voor Kolenbewerking Stamicarbon, N.V. (Erfinder: Fontein, F.J. und Dijksman, C.) D.B.P. 928 520 Kl89k vom 14/5. 1953, ausg. 2/6. 1955. Holl.Prior. vom 21/5.1952. - Ref. Stärke 7. 127 (1955). C.A. 51. 186662 (1957).

Stärke und Nebenprodukte aus Wurzeln. Stamicarbon, N.V. (Erfinder: Fontein, F.J. und Dijksman, C.) A.P. 2 798 011 vom 13/5.1953, ausg. 2/7.1957. Holl.Prior. vom 21/5.1952. - Ref. C.A. 51. 13434d (1957).

Gewinnung von Stärke. Council of Scientific & Industrial Research, übert. von: Damodaran, M. und Babbar, Inderjit. A.P. 2 801 954 vom 18/11. 1953, ausg. 6/8 1957. - Ref. C. 1959. 2985, C.A. 51. 17215 a (1957).

Verfahren zur Gewinnung von Stärke aus Wurzelfrüchten. Stamicarbon, N.V. (Erfinder: Fontein, F.J. und Dijksman, C.) Schwed.P. 158 270 Kl.89k vom 15/5. 1953, ausg. 19/3. 1957. Holl.Prior. vom 21/5. 1952.

Verfahren für die Herstellung von Mehl und Nebenprodukten aus Rohstoffen wie Kartoffeln und Kassavaknollen. Stamicarbon, N.V. Holl.P. 77 039 Kl.89k vom 21/5. 1952, ausg. 15/1. 1955.

Verfahren zur Herstellung von Stärke. Mij. voor Kolenbewerking Stamicarbon, N.V. (Erfinder: Hage, P.W.) Schwed.P. 146 788 Kl.89k vom 22/8. 1952, ausg. 31/8. 1954. Holl.Prior. vom 5/9. 1951.

Gewinnung von Stärke. Corn Products Refining Co., übert. von: Snyder, Edward C. A.P. 2 776 228 vom 23/7. 1952, ausg. 1/1. 1957. - Ref. C. 1959. 2985, C.A. 51. 4597 f (1957).

Stärkegewinnung. Dorr-Oliver, Inc., übert. von: Peltzer sr., Albert. A.P. 2 760 889 vom 19/3. 1951, ausg. 28/8. 1956. - Ref. C. 1959. 1294, C.A. 51. 1634 i (1957).

Reinigungsmittel. Keever Starch Co., übert. von: Levi M.Thomas A.P. 2 550 885 vom 20/11. 1948, ausg. 1/5. 1951. - Ref. C. 1952. 2772.

Verfahren zur Gewinnung von Stärke. Svenska Jästfabriks AB, (Erfinder: Normander, N.R.) Schwed.P. 124 145 Kl.89k vom 4/10. 1946, ausg. 22/2. 1949. - Ref. Stärke 2. 165 (1950), C. 1949. E. 955.

Verfahren zur Gewinnung von Stärke. Aktiebolaget Separator (Erfinder: Eckers, C.G., Leander, J.E. und Normander, N.R.) Schwed. P. 149 629 Kl.89k vom 19/12. 1944, ausg. 19/4. 1955, Zusatz zum Schwed.P. 123 479.

Verfahren für die Gewinnung von Stärke. Aktiebolaget Separator Holl. P. 61 623 Kl.89k vom 20/10. 1943, ausg. 15/9. 1948. Schwed. Prior. vom 19/5. 1942.

Verfahren und Einrichtung für das Gewinnen des unveränderten Zellinhalts von Kartoffeln, Kassavawurzeln, Getreide und dgl. Coöperatieve Aardappelmeelfabriek "Musselkanaal en Omstreken". Holl.P. 58 314 Kl.89k vom 31/12. 1942, bek.gem. 15/8. 1944.

Trennung von Stärke. Deutsche Gold- und Silber-Scheideanstalt, vormals Roessler, Frankfurt a/M. Belg.P. 443 524 vom 26/11. 1941, Auszug veröff. 7/10. 1942. A.Prior. 1/7. 1940. - Ref. C. 1943. I. 2452.

Gewinnung von Stärke. Ostwald, Wolfgang und Erbring, H. und Siehr,A. Leipzig. Holl.P. 50669 vom 13/1. 1939, ausg. 15/7. 1941. D.Prior. 17/1. 1938. - Ref. C. 1941. II. 3131.

Verfahren zur Herstellung von Stärke. Corn Products Refining Co. (Erfinder: Giesecke, F.O.) A.P. 2 251 448 vom 29/6. 1938, ausg. 5/8. 1941. E.Prior. 16/6. 1938.

Gewinnung von Stärke aus Kartoffeln oder anderen safthaltigen Früchten. Evers, Jan Roemeling, Reint van Hateren, Laurens Engels u. Jan Opheikens, Holland. F.P. 846 379 vom 7/10. 1938, ausg. 15/9. 1939. Holl.Prior. 7/10. 1937. - Ref. C. 1941. I. 1893.

Stärkeherstellung. Deutsche Maizena-Werke A.-G. (Erfinder: Karl Schlieter. D.R.P. 705 822 Kl.89k vom 25/11. 1937, ausg. 10/5. 1941. - Ref. C. 1941. II. 546.

Gewinnung von Stärke aus Kartoffeln oder stärkehaltigen Wurzeln. Deutsche Maizena G.m.b.H., Deutschland F.P. 823 219 vom 17/6. 1937, ausg. 17/1. 1938. - Ref. C. 1938. I. 3710.

Gewinnung von Fasern und Stärke aus Pflanzen. Istituto Sieroterapico Milanese und Carbone, D. F.P. 815 598 vom 9/10. 1936, ausg. 16/7. 1937. It.Prior 5/11. 1935. - Ref. C. 1938. I. 782.

Stärkegewinnung aus eiweißenthaltenden pflanzlichen Stoffen. Rosenthal, K. Ung.P. 119 501 vom 1/8. 1936, ausg. 1/12. 1938. - Ref. C. 1940. I. 3193.

Vorrichtung zur Gewinnung von Stärke. Kröner, W., (Erfinder: G. Knoblich) D.R.P. 668 796 Kl.89k vom 18/12. 1936, ausg. 9/12. 1933. Zus. zu D.R.P. 662 523.

Gewinnung von Stärke. Merco Centrifugal Separator Co., Ltd. San Francisco, übert. von: Peltzer, A. u. Peltzer, A.jr. Palo, Alto, Cal. A.P. 2 186 037 vom 20/2. 1935, ausg. 9/1. 1940. - Ref. C. 1940. II. 1376.

Gewinnung von Stärke. Schlüter sen., Theodor, übert.vom: E.Komm, Dresden, Deutschland. Can.P. 378 660 vom 11/10. 1935, ausg. 3/1. 1939. - Ref. C. 1939. II. 752.

Gewinnung von Stärke aus Kartoffeln oder anderem stärkehaltigem Material. Fritze, Albrecht. Arnswalde, Deutschland. A.P. 2 084 250 vom 9/1. 1935, ausg. 15/6. 1937. D.Prior. 7/9. 1934. - Ref. C. 1937. II. 3246.

Gewinnung von Stärke aus Kartoffeln oder ähnlichem stärkehaltigen Material. Jahn, E., Jahn, G., Sanft, M., Sanft, G. und Sanft, J., Arnswalde. E.P. 439 262 vom 14/12. 1934, ausg. 2/1. 1936. D.Prior. 7/9. 1934. - Ref. C. 1936. II. 387.

Verfahren für die Gewinnung von reiner Stärke unter Anwendung von Alkohol und Stickstoffoxyd. Wisconsin Alumni Res. Found. Holl. P. 41 715 Kl.89k vom 6/9. 1934, bek.gem. 15/5. 1937. A.Prior. vom 22/9. 1933.

Verfahren zur Gewinnung von Stärke aus stärkehaltigem Material. Wisconsin Alumni Research Foundation. D.R.P. 646 754 Kl.89k vom 4/9. 1934, ausg. 21/6. 1937. A.Prior. 22/9. 1933.

Herstellung von Stärke.Merco Centrifugal Separator Co., Ltd. San Francisco, übert. von: Albert Peltzer jr. V. St. A. A.P.2 039 605 vom 31/7. 1933, ausg. 5/5. 1936. - Ref. C. 1936. II. 885.

Herstellung von Stärke. Thurber, Francis, H. Washington, V.St.A. A.P.2 001 925 vom 15/8. 1932, ausg. 21/5. 1935. - Ref. C. 1935. II. 2144.

Herstellung von Stärke. International Patents Development Co., übert. von: H.W. Curry, u. F.M. Sayre, N.J. A.P. 1 955 112 vom 19/11. 1930, ausg. 17/4. 1934. - Ref. C. 1934. II. 2915.

Verfahren und Apparatur zur Gewinnung von Stärke. Bailey, Fredrick, Earl. Australien Aust.P. 15 260/1928 vom 24/8. 1928, ausg. 17/9. 1929. - Ref. C. 1930. II. 155.

Gewinnung von Stärke. International Patents Development Co., New York, Belg.P.352 787 vom 12/7. 1928, ausg. 31/8. 1928. A.Prior. 3/1. 1928. - Ref. C. 1931. I. 538.

Gewinnung von Stärke. International Patents Development, Co., New York übert. von: R.C.Mc Coy. Belg.P.352 789 vom 12/7. 1928. ausg. 31/8. 1928. A.Prior. 6/12. 1927. - Ref. C. 1931. I. 538.

Herstellung von Stärke. Henkel & Cie., Düsseldorf, E.P. 294 235 vom 5/6. 1928, Auszug veröff. 12/9. 1928. Prior. 21/7. 1927. - Ref. C. 1929. I. 312.

Herstellung von Stärke. Kühl, Hugo. Berlin und Soltau, G. Hamburg. D.R.P.577 540 Kl.89k vom 12/5. 1928, ausg. 1/6. 1933. - Ref. C. 1933. II. 1445.

Verfahren und Einrichtung zur Herstellung von Stärke. Corn Products Refining Co., New York D.R.P.503 108 Kl.89k vom 12/4. 1928, ausg. 21/7. 1930 - Ref. C. 1930. II. 2071.

Apparatur und Verfahren zur Gewinnung von Stärke. Corn Products Refining Co., London E.P.277 572 vom 8/4. 1927, ausg. 13/10. 1927. - Ref.C. 1928. I. 601.

Aufarbeitung mit großer Ausbeute von stärkehaltigen Materialien, insbesondere von trocknen Wurzeln. Société Industrielle de Landrecies und Mariller, Ch. Frankreich F.P.639 411 vom 20/1. 1927, ausg. 21/6. 1928. - Ref. C. 1929. II. 666.

Gewinnung von Stärke aus stärkehaltigen Materialien. Altmann, Hugo Oe.P. 103 349 vom 7/10. 1924, ausg. 10/5. 1926. - Ref. C. 1926. II. 1345.

Behandlung von ölhaltigen, vegetabilischen Stoffen zwecks getrennter Gewinnung aller ihrer Bestandteile. David, L.F. und Félizat, Georges F.P.603 836 vom 29/12. 1924, ausg. 23/4. 1926. - Ref.C. 1926. II. 301.

Stärke. Penick & Ford, Ltd., Inc., übert. von: J.M. Widmer A.P.1 585 452 vom 26/4. 1924, ausg. 18/5. 1926. - Ref. C. 1926. II. 950.

Stärke. Sherman, Robert D. A.P.1 554 301 vom 24/12. 1923, ausg. 22/9. 1925. - Ref. C. 1926. I. 1064.

Verfahren zur Herstellung von Stärke. Campbell, F.H. E.P. 182 829 vom 11/1. 1921, ausg. 11/8. 1922. - Ref. C. 1922. IV. 1016.

Reine, von Eiweißstoffen freie Stärke. Lenders, Adolph Hubert William D.R.P.375 702 vom 20/4. 1920, ausg. 17/5. 1923.- Ref. C. 1923. IV. 155.

Verfahren zur Herstellung von Stärke und Glucose. Lenders, A.W.H. E.P.149 374 vom 5/3. 1919, ausg. 9/9. 1920. - Ref. C. 1921. II. 183.

Herstellung von Stärke und ihrer Umwandlungsprodukte. Lenders, A. F.P. 497 193 vom 17/3. 1919.

Verfahren zur Gewinnung von spinnfähigen Fasern aus Pflanzenwurzeln. Lublinski, Siegmund D.R.P. 302 505 vom 12/2. 1917, ausg. 27/4. 1920. - Ref. C. 1920. IV. 147.

Verfahren zur Gewinnung von Stärke. Washburn Crosby Comp. (Erfinder: Holden, H.C.) A.P. 1 221 990 vom 3/7. 1916, ausg. 10/4. 1917.

Verfahren zur Herstellung von Stärke. Berrigan, J.J. A.P. 994 497 vom 30/3. 1910, ausg. 6/6. 1911.

Verfahren zur Herstellung von Stärke. Eckland, E.O. A.P. 1 000 726 vom 24/6. 1910, ausg. 15/8. 1911.

Neuerungen bei der Fabrikation von Stärke. Polson, J., und Harley, J.M. D.R.P. 27 743 Kl.89k vom 21/11. 1883, ausg. 14/6. 1884.

Neuerungen in der Stärkefabrikation mit Wiedergewinnung des dabei verwendeten Ammoniaks. Garton, William D.R.P. 9096 Kl.89k vom 2/9. 1879, ausg. 12/4. 1880.

042. Technologische Fragen, Fortschritte der Stärkegewinnung

(Auch Stärkesirup-Gewinnung. Einrichtungen, Ausrüstung, Maschinen, Apparate, Messung, Rationalisierung, Wärmewirtschaft, Wasserprobleme. Vgl. auch "Stärke- und Stärkesirupindustrie": 031)

Die neuesten Glucosefabriken verwenden eine "unsichtbare" Leitung. Mater.Handl. and Packag. 6. Nr.3. 31-32 (1965). - Ref.J.Chem. (russ.) 1965. 23 R375.

Betriebliche pH-Meß- und Regeltechnik in der Stärke- und Glucoseindustrie. Exner, G. Stärke 17. 230-34 (1965).

Gegenwärtiger Stand und zukünftige Entwicklung der Stärkeindustrie und Stärkeforschung in Japan. 5.Mitt. Stärkeforschung- Food Research Institute- Zusammenfassung. Kempf, W. Stärke 16. 125-27 (1964) - Ref.J.Chem.(russ.) 1965, 23 R362.

Filtergewebe aus Natur- und Kunstfasern und ihre Einsatzgebiete. Markert, W. Stärke 16. 330-34 (1964) - Ref.J.Chem.(russ.) 1965. 8 R319.

Über die Automatisierung der technologischen Prozesse in der Stärke- und Stärkesirupindustrie. Solowew, D.T. und Leiberman, L.A. Zucker-Ind.(russ.) 38. 863-67 (1964).

Unzulänglichkeiten bei der Projektierung von Fabriken für rohe Maisstärke. Shuschman, A.I., Deulin, W.I. und Owtschinnikow, A.Je. Zucker-Ind.(russ.) 38. Nr. 5. 65-68 (1964). - Ref. C. 1965. 29-2946.

Moderne Füllstandmeß- und Steuerungstechnik mit elektronischen Geräten und ihre Anwendung in der getreideverarbeitenden Industrie. Böhme, J. Stärke 16. 86-95 (1964).

Methoden und Geräte zur Behälterstand-, Durchflußmengen- und Dichtemessung von Flüssigkeiten, insbesondere Stärkesuspensionen und Stärkesirup. Benthien, H.J. Stärke 16. 196-99 (1964). - Ref. J. Chem.(russ.) 1965. 9 R342.

Darstellung und Behandlung physikalischer Größen. Grave, H.F. Stärke 15. 182-88 (1963).

Über die Methodik zur Berechnung der Arbeitsproduktivität in der Stärke- und Stärkesirupindustrie. Kagan, W.S. und Zuckerman, I. Ss. Arb.zentr.wiss.Forsch.-Inst.Stärke- u.Stärkesirup-Ind. (russ.) 6. 110-16 (1963)- Ref. Stärke 16. 101 (1964).

Die Durchführung der Technologie der Stärke und Stärkeprodukte. Arb.zentr.Forsch.-Inst.Stärke- u. Stärkesirup-Ind.(russ.) 1963. Nr. 5. 90. - Ref.J.Chem.(russ.) 1963. 13 R272.

Die Lubaner Stärkefabrik arbeitet nach einem neuen Schema. Jurtschenko, Je.I. Zucker-Ind.(russ.) 1962. Nr.9. 57-59. - Ref.J. Chem.(russ.) 1963. 5 R284.

Auswahl der Ausrüstung für eine Stärkefabrik. Šamborant, G.G. Zucker-Ind.(russ.) 36. Nr.6. 59-62 (1962).

Verlustsenkung in der Stärkeindustrie. Richter, W.A. Zucker-Ind. (russ.) 36. Nr.12 41-43 (1962) - Ref. C.A.(M.) 58, 11562 f (1963), Ref.J.Chem.(russ.) 1963. 10 R288.

Einrichtung für eine Stärkefabrik. Schamborant, G.G. Zucker-Ind. (russ.) 36. Nr.6. 59 (1962). - Ref. C. 1965. 35-2893.

Die neue Technik und Technologie zur Gewinnung von Stärke. Ind. Weißrußlands (russ.) 1962. Nr.8. (51), 27. - Ref.J.Chem.(russ.) 1963. 6 R283.

Projektierung und Rekonstruktion durch sozialistische Gemeinschaftsarbeit. Richter, H. Lebensmittel-Ind. 9. 201-03 (1962).

Elektrische Meßverfahren für die Stärkeindustrie. Grave, H.F. Stärke 14. 85-91 (1962) - Ref.C. 1962, 18305.

Regeltechnik und Möglichkeiten zur Automatisierung in der Stärkeindustrie. Runge, H. Stärke 14. 95-100 (1962) - Ref.C. 1962, 18305.

Einsatz von Meß- und Regelgeräten in der Stärkeindustrie. Benthien, H.J. Stärke 14. 91-95 (1962) - Ref.C. 1962, 18305.

Probleme der Stärkeindustrie. Kozelj, B. Nova Proizvodnja 12. 278-82 (1961). - Ref.J.Chem.(russ.) 1962. 20 N210.

Die Einführung der neuen Technik beim Projektieren von Fabriken der Stärke-Glucose-Dextrinindustrie. Metta, E. Industria Alimentară, produse vegetale 12. 33-35 (1961).

Über Arbeitserfahrungen mit der neuen Siebstation der Stärkefabrik Klimowsk. Bondar, T.A. Zucker-Ind.(russ.) 34. Nr.7. 62-64 (1960) - Ref.C. 1961. 4915, Stärke 13, 95 (1961).

Untersuchung der Materialbilanz bei der Stärkeproduktion. Hersiczky, A. Szeszipar 1960. márc.-ápr. 25-28, 43, 44. - Ref.J.Chem.(russ.) 1961. Nr. 8 N352.

Über die letzten Untersuchungen auf dem Gebiet der Stärkeindustrie. Kihara, Y. J.technol.Soc.Starch (Japan) 7. Nr.3. 117-18 (1960). - Ref.J.Chem.(russ.) 1961. 24 N311.

Einige aktuelle Fragen der Stärkeproduktion. Bolgár, P. Szeszipar 1959. 42-43. - Ref.J.Chem.(russ.) 1960. 86512.

Wasser in der Nahrungsmittelindustrie. 2.Mitt. Baestle, M. Rev. techn.Ind.Alimentaire (Paris) 6. (64) 81-82. 85 (1959).

Aufgaben der Stärkesirupindustrie für 1959. Burman, M.Je. Zucker-Ind.(russ.) 33. Nr. 1. 46-49 (1959).

Zu einigen wichtigen Fragen der technischen Neueinrichtung der Stärke- und Stärkesirupindustrie von 1959-1965. Burman, M.Je. Zucker-Ind.(russ.) 33. Nr.3. 51-57 (1959) - Ref. Stärke 14, 193 (1962).

Fragen der weiteren Entwicklung der Stärke- und Stärkesirupindustrie. Prichodko, A.G. Zucker-Ind.(russ.) 33. Nr.12. 52-54 (1959). - Ref.J.Chem.(russ.) 1960. Nr. 71199.

Die Stärkeindustrie auf neuen Wegen. Ernährungswirtschaft 6. 176-77 (1959).

Die technologische Ausrüstung der Stärke- und Sirup-Fabriken. Busykin, N.A. Pischtschepromisdat, Moskau 1959.

Technische Fortschritte der Stärke- und Glucoseindustrie. Ionescu, C. Industria Alimentara 11. 274-78 (1959) - Ref.J.Chem.(russ.) 1960, 67160.

Kreiselpumpe mit einem spiralförmigen Gehäuse und einem Sieb. Corn Products Co. D.A.S. 1 125 281 Kl.59b, vom 26/3. 1958., ausg. 8/3. 1962. Holl.Prior. 16/4. 1957. - Ref. Stärke 15. 229 (1963).

Pumpen in der Stärkefabrik. Vehrke, E. Stärke 10. 199-205 (1958).

Studien über den Walzenstuhl für die Stärkeverarbeitung. 3.u.4.Mitt. Einfluß des Durchmessers eines Hochgeschwindigkeitswalzenstuhls auf die Vibration. Ono, Y. J.technol.Soc.Starch (Japan) 4. 56-64 (1956).

Einfluß des Durchmessers eines Hochgeschwindigkeitswalzenstuhls auf die erforderliche Antriebskraft. 2.Mitt. Untersuchungen über den Walzenstuhl für die Stärkeverarbeitung. Ono, Y. J.technol.Soc. Starch (Japan) 3. 83-86 (1955).

Einfluß des Durchmessers eines Hochgeschwindigkeitswalzenstuhls auf Spannung und Belastung. 1.Mitt. Untersuchungen über den Hochgeschwindigkeitswalzenstuhl für die Stärkeverarbeitung. Ono, Y. J.technol.Soc.Starch (Japan) 3. Nr.1. 16-19 (1955).

Neue Untersuchungen in der Stärkeindustrie. Kihara, Y. J.technol. Soc.Starch (Japan) 3. 20-22 (1955/56). - Ref.C.A. 51. 13432 e (1957).

Neue Studien in der Stärkeindustrie. Kihara, Y. J.technol.Soc. Starch (Japan) 2. 80-81, 131 (1954-55) - Ref. C.A. 49. 9945 d (1955)

Die Bedeutung der Berechnung der Stärkemilchkonzentration für den Betriebsablauf. Ono, Y. J.technol.Soc.Starch (Japan) 2. 66-70 (1954).

042

Technischer Überblick über Stärkefabriken. Kihara, Y. J.technol. Soc.Starch (Japan) 1. 44-49 (1953). - Ref.C.A. 49. 9308b (1955).

Messung, Regulierung und Automatisierung in der Stärkeindustrie. Nagy, Sándor Élelmezési Ipar (Verpflegungs-Ind.) 7. 231-36 (1953) - Ref. C. 1956. 3716.

Ein automatischer Probenehmer und Dosierapparat. Jäger, Ernst Stärke 4. 245-46 (1952).

Die Rationalisierung bei der Stärkegewinnung. Nowak, A. Stärke 4. 124-27 (1952).

Maschinen und sonstige Einrichtungen der Stärkeindustrie. Füllgrabe, A. Stärke 3. 169-73 (1951). - Ref.C. 1952. 610

Wärmewirtschaft steigert die Produktionsmöglichkeit. Witzler, Wilhelm Stärke 3. 61-63. (1951).

Praktische Erfahrungen über die Verminderung der Stärkeverluste im Laufe des Fabrikationsprozesse. Jäger, Ernst Stärke 3. 175-177 (1951).

Apparative Probleme in der Stärke-Industrie. Füllgrabe, A. Stärke 2. 14-16. (1950).

Entwicklungstendenzen in der Technik der Stärkeindustrie. Fritze, A. Stärke 2. 110-12. (1950).

Technische und technologische Probleme der Stärkeindustrie. Schrepfer, Richard Stärke 1. 36-38. (1949).

Die Stärkefabrik. Nouveau, Henri Chim.et Ind. 39. 40-44. (1938). - Ref. C. 1938. I. 3399.

Flüssigkeitsmengenmesser. Skorbilin, S.F. Betriebs-Lab. Sawodskaja Laboratorija (russ.) 5. 678-79. (1936) - Ref. C. 1937. I. 1734.

Die Ausrüstung moderner Stärkefabriken. Mariller, C. Bull.Assoc. Chimistes 53. 553-58. (1936). - Ref. C. 1936. II. 2031

Die Einrichtung eines modernen Laboratoriums für die Stärke- und Sirupfabrik. Hönsch Z.Spiritusind. 56. 61. (1933). - Ref. C. 1933. I. 3507

Worauf es bei der Stärkefabrikation ankommt. Wolff, O. Z.Spiritusind. 56. 60. (1933). - Ref. C. 1933. I. 3638

Die Industrie der Stärkearten und der Zucker außer Rohrzucker. Techn.mod. 25. 601-608 (1933). - Ref. C. 1933. II. 2907

Bemerkungen zur Rohstärkegewinnung. Rubehn, M. Z.Spiritusind. 54. 134 (1931).

Die alljährliche Indizierung der Dampfmaschinen und die Feststellung des Dampfverbrauchs - eine notwendige Maßnahme in Stärkefabriken. Sprockhoff, M. Z.Spiritusind. 52. 296 (1929).

Das Wasser in der Stärkefabrikation. Sprockhoff Z.Spiritusind. 52. 290. (1929). - Ref. C. 1929. II. 2946

Über einige Fragen der Stärke- und Glucosefabrikation. Mc Lachlan, J.A. J.South African chem.Inst. 12. 3-5 (1929). - Ref. C. 1929. I. 2482.

Technologie der Stärkeherstellung. Nottin, P. Rev.sci. 65. 363-67 (1927).

Schlammtafelmaschine für Stärkefabriken System Taschl. Parow, E. Z.Spiritusind. 49. 43-44 (1926).

Die Stärkeindustrie. Moderne Herstellungsverfahren. Chem.Trade J. 89. 219-20. (1926). - Ref. C. 1926. II. 2235

Über Neuerungen in der Stärkefabrikation. Parow, E. Z.Spiritusind. 46. 6-7, 12, 17-18, 23 (1923) - Ref. C. 1923. II. 1034

Über den Übergang zur Braunkohlenfeuerung in Stärkefabriken und Trocknereien. Gesell, H. Z.Spiritusind. 43. 267-268, 279 (1920). - Ref. C.A. 15. 159 (1921), W.Ref. 2345.

Drehbare Trommel zum Behandeln von stärkehaltigen Materialien. Anderson, A.P. D.R.P. 280 036 Kl.89k vom 18/8. 1912, ausg. 5/11. 1914.

Bericht über die Fortschritte der landwirtschaftlich-technischen Gewerbe im Jahre 1903. Bode, G. Chem.Industrie 27. 515-521 (1904). - Ref. C. 1904. 1005, W.Ref. 2291.

Über Fortschritte in der Stärkefabrikation. Hanow, H. Chemiker-Ztg. 26. 381-384 (1902). - W.Ref. 2288.

Über Fortschritte in der Stärke-Fabrikation. Hanow, H. Chemiker-Ztg. 24. 889-890 (1900) - W.Ref. 2285.

Über Fortschritte in der Stärkefabrikation. Hanow, H. Chemiker-Ztg. 23. 735-737 (1899) - W.Ref. 2282.

Über Fortschritte in der Stärkefabrikation. Hanow, H. Chemiker-Ztg. 22. 560-562 (1898) - W.Ref. 2277.

Über die Fortschritte in der Stärke-Fabrikation. Hanow, H. Chemiker Ztg. 21. 777-780 (1897) - W.Ref. 2274.

Über die Fortschritte in der Stärke-Fabrikation. Hanow, H. Chemiker Ztg. 20. 944-947 (1896) - W.Ref. 2270.

Neuerungen in der Stärkefabrikation. Hundhausen, J. S.-B.Ver.Beförderung Gewerbfleisses 1896. 182-189. - W.Ref. 2272.

Über Fortschritte in der Stärke-Industrie. Hanow, H. Chemiker-Ztg. 19. 708-709 (1895) - W.Ref. 2268.

Fortschritte und Neuerungen auf dem Gebiete der Fabrikation von Stärke, Dextrin, Traubenzucker, usw. Brössler, J. Dinglers polytechn.J. 295. 21-24, 37-42 (1895), - W.Ref. 2266

Fortschritte und Neuerungen auf dem Gebiete der Fabrikation von Stärke, Dextrin, Traubenzucker usw. Brössler, J. Dingler's polytechn.J. 274. 328-34 (1889). - W.Ref. 2236.

Fortschritte und Neuerungen auf dem Gebiete der Fabrikation von Stärke, Dextrin, Traubenzucker usw. Brössler, J. Dingler's polytechn.J. 272. 522-27 (1889) - W.Ref. 2236.

Fortschritte und Neuerungen auf dem Gebiete der Fabrikation von Stärke, Dextrin, Traubenzucker und verwandter Producte. Brössler, J. Dingler's polytechn.J. 271. 133-138, 185-189, 512-515 (1889) - W.Ref. 2235.

Kleine Mitteilungen aus der Stärkefabrikation. Saare, O. Z.Spiritusind. 10. 296-297, 304-305, 320, 331 (1887) - W.Ref. 2231.

Über die Fortschritte in der Stärke-, Dextrin- und Traubenzuckerfabrikation. Wagner, L.v. Dingler's polytechn.J. 266. 471-475. 517-522 (1887) - Ref. C. 1888. 159. W.Ref. 2233.

Über Fortschritte in der Stärke-, Dextrin- und Traubenzuckerfabrikation. Wagner, L.v. Dingler's polytechn.J. 264. 174-179 (1887) - W.Ref. 2232.

Wasser für Stärkefabrikation. Saare, O. Z.Spiritusind. 9. 511-512 (1886) - W.Ref. 2225.

Einige Notizen von der Stettiner Maschinen-Ausstellung. Schmidt, R. Dingler's polytechn.J. 177. 116-17 (1865) - W.Ref. 2191.

043. Schaum und Schaumbekämpfung

(Vgl. auch "Technologische Fragen, Fortschritte der Stärkegewinnung": 042)

Antischaummittel für wässerige Protein-, Stärke- und Harzlösungen. Stephan, J.T. A.P. 2 914 412 vom 21/5. 1956., ausg. 24/11. 1959 - Ref. C. 1961. 7465.

Entschäumung wässriger Lösungen, Emulsionen oder Dispersionen (auch von Dextrinlösungen) mit Estern natürlicher oder synthetischer Fettsäuren. Chemische Fabrik Stockhausen & Cie. (Brasseler, W. und Speh, H.) D.A.S. 1 030 309 Kl.12g vom 27/2. 1956, ausg. 22/5. 1958 - Ref. Stärke 10. 239 (1958).

Die Wirkung von Silicon-Entschäumern auf die Schaumbildung von Kartoffelfruchtwasser. Winkler, S. Stärke 7. 177-80 (1955).

Verfahrensweise und Anordnung zur Behandlung von fließendem, löslösliches Eiweiß und Luft enthaltendem Material. Stamicarbon, N.V. (Erfinder: Dijksman, C., und Fontein, F.J.) Schwed.P. 156 603 Kl.89k vom 31/3. 1954, ausg. 16/10. 1956. Holl.Prior. vom 9/4. 1953, id.mit D.B.P. 927 980 - Ref. 1961. 17035.

Verfahren und Vorrichtung zur Schaumbekämpfung bei der Behandlung von Suspensionen, die auflösbares Eiweiß und Luft enthalten, insbesondere von geriebenen und gesiebten Kartoffeln. Stamicarbon, N.V. (Erfinder: Dijksman, C., und Fontein, F.J.) D.B.P. 927 980 Kl.89k vom 7/4. 1954, ausg. 20/5. 1955, Holl.Prior. 9/4. 1953 - Ref. Stärke 7. 98 (1955), C. 1956. 3441.

Verfahren und Vorrichtung zur Schaumzerstörung (z.B. in Kartoffelstärkesuspensionen) mittels eines rasch strömenden Hilfsgases. Stamicarbon, N.V. (Erfinder: Revallier, L.J.) D.A.S. 1 022 189 Kl.12a vom 18/6. 1953, ausg. 9/1. 1958. Holl.Prior. 19/6. 1952. - Ref. Stärke 10. 22 (1958).

Verfahren und Vorrichtung zur Schaumzerstörung. Stamicarbon, N.V. (Erfinder: Revallier, L.J. und Dijksman, C.) D.B.P. 1 055 500 Kl. 12a vom 18/6. 1953, ausg. 8/10. 1959. Zus. zu D.B.P. 1 022 189. - Ref. C.A. 55. 9991d (1961).

Verfahren und Apparat zur Zerstörung von Schaum. Stamicarbon, N.V. (Erfinder: Revallier, L.J.) A.P. 2 813 833 vom 17/6. 1953, ausg. 19/11. 1957, id.mit D.B.P. 1 022 189. - Ref. C.A. 52. 5900c (1958).

Verfahren und Vorrichtung für die Schaumzerstörung bei der Behandlung von löslichem Eiweiß und Luft enthaltenden Suspensionen, insbesondere von Kartoffelreibsel. Stamicarbon, N.V. Holl.P. 78 570 Kl.89k vom 9/4. 1953, ausg. 15/7. 1955.

Der Schaum in den Stärkefabriken. Koblic, Francis B. Listy Cukrovarnické 67. 213-15 (1951) - Ref. C. 1956. 2327.

Der Schaum in der Stärkeindustrie. Hospes, B. Listy Cukrovarnické 67. 63-65 (1951). - Ref. C. 1954. 4282

Zerstörung bzw. Verhinderung der Bildung von Schaum, besonders bei der Hitzekoagulation von Eiweiß in Kartoffelfruchtwasser. Donau Chemie Akt.Ges.(Erfinder:J.Domaschintzky,Otto Rabas u. Karl Meyer). Belg.P. 444 398 vom 7/2. 1942, Auszug veröff. 18/1. 1943. D.Prior. 8/2. 1941. - Ref. C. 1944. I. 826

Verfahren und Vorrichtung zur Zerstörung von Schaum oder zur Verhinderung der Bildung desselben. Donau-Chemie Akt.Ges., Deutschland. F.P. 879 028 vom 4/2. 1942, ausg. 11/2. 1943. D.Prior. 8/2. 1941. - Ref. C. 1944. II. 595

Zerstörung bzw. Verhinderung der Bildung von Schaum, besonders bei der Hitzekoagulation von Eiweiß in Kartoffelfruchtwasser. Donau Chemie A.-G., Wien (Erfinder:J.Domaschintzky, Otto Rabas u. Karl Meyer). D.R.P. 741 532 Kl.12a. Gr.1. vom 9/2. 1941, ausg. 12/11. 1943. - Ref. C. 1944. I. 826

Der Schaum in der Kartoffelstärkefabrikation. Sprockhoff Z.Spiritusind. 52. 380. (1929). - Ref. C. 1930. I. 1548

Der Schaum. Sprockhoff Z.Spiritusind. 45. 157 (1922). - Ref. C. 1922. IV. 322

044. Mikroflora der Stärke (Keimgehalt)

(Vgl. auch "Haltbarmachung der Stärke": 073 und "Pülpe": 183)

Über die mikrobiologische Infektion in Stärkefabriken. Hersiczky,A. und Simonyi, J. Stärke 17. 167-68 (1965) - Ref. J. Chem.(russ.) 1966, 1 R 28

Herstellung einer an thermophilen Bakterien freien Stärke. National Starch and Chemical Corp. E.P. 927 961 vom 22/8. 1961., ausg. 6/6. 1963. A.Prior. 24/10.1960. - Ref. C. 1965. 33-2941.

Die Ermittlung des Keimgehaltes von Getreide und Getreideprodukten und ihre Problematik. Spicher, G. Brot u. Gebäck 16. 124-34 (1962). C. 1964. 6/7-2824

Die mikrobiologische Infektion von Stärkefabriken. Hersiczky, A., Simonyi, M. und Szép, I. Az Erjedésipari Kutatóintézet Közleményei 1961. I. 26-28. - Ref. Stärke 14, 390 (1962), C. 1963, 1897.

Die Mikroflora der rohen Stärke und die Verhütung von deren Verderben mit Hilfe von Natriumdodecylphenylsulfonat. Fujii, T., Oba, K. und Tomiyama, S. Agric.biol.Chem.(Tokyo) 25. 735-36 (1961). - Ref.J.Chem.(russ.) 1962. 11 N295, C. 1964. 33-1145

Thermophilfreie Stärke. National Starch and Chemical Corp. (Erfinder: Wurzburg, O.B. und Krüger, H.L.). A.P. 3 058 853 vom 24/10. 1960., ausg. 16/10. 1962. - Ref. C.A. 57. 17156c (1962), C. 1965, 16-2939, Ref. J.Chem.(russ.) 1964, 9 R354.

Ergänzende Untersuchungen über die Mikroflora von Weizenstärken. Spicher, G. Brot u. Gebäck 14. 130-33 (1960) - Ref. C. 1961, 6334, Stärke 13, 58 (1961), Ref.J.Chem.(russ.) 1961, 7 N343.

Ergänzende Untersuchungen über die Mikroflora von Weizenstärken. Spicher, G. Zbl.Bakteriol., Parasitenkunde, Infektionskrankh. Hyg., II.Abt. 113. 666-71 (1960).

Die Anzahl der thermophilen Bakterien in Kartoffelstärke und Weizenstärke. Suzuki, S. J.Technol.Soc.Starch (Japan) 6. 121-24 (1959).

Verfahren zur Verhütung des Bakterienbefalls von Stärken. Kaguma,T. und Ogata, K. Japan.P. 1432 ('61) vom 7/4. 1958., ausg. 15/3. 1961. - Ref.J.Chem.(russ.) 1965. 21 R336.

Untersuchungen über die Bedingungen des Wachstums von Bakterien und Schimmelpilzen in lagernden Weizenstärken. Spicher, G. Süßwaren 2. 436-41 (1958) - Ref.C. 1959, 13339.

Vergleichende Untersuchungen über die Mikroflora handelsüblicher Stärken. Spicher, G. Brot u. Gebäck 12. 146-47 (1958)

Grenzwerte der Temperatur und der relativen Luftfeuchtigkeit für das Wachstum von Bakterien und Schimmelpilzen in lagernden Weizenstärken. Spicher, G. Brot u. Gebäck 12. 145-46 (1958).

Grenzwerte der Temperatur und der relativen Luftfeuchtigkeit für das Wachstum von Bakterien und Schimmelpilzen in lagernden Weizenstärken. Spicher, G. Brot u. Gebäck 12. 145-46 (1958) - Ref. C. 1959, 12076.

Grenzwerte der Temperatur und der relativen Feuchtigkeit für das Wachstum von Bakterien und Schimmelpilzen in lagernden Weizenstärken. Spicher, G. Stärke 9. 103-08 (1957) - Ref.C. 1958, 11678.

Vergleichende Untersuchungen über die Mikroflora handelsüblicher Stärken. Spicher, G. Zbl.Bakteriol., Parasitenkunde, Infektionskrankh. Abt.II. 110. 153-71 (1957) - Ref. C. 1961, 687.

Der Keimgehalt handelsüblicher Stärken. Spicher, G. Zucker- u. Süßwaren-Wirtschaft 10. 6-8 (1957).- Ref. C. 1957, 13829.

Der Keimgehalt handelsüblicher Stärken. Spicher, G. Stärke 8. 186-87 (1956) - Ref. C. 1957, 9236.

Keimzahl und Zusammensetzung der Keime bei handelsüblichen Stärken. Spicher, G. Stärke 8. 118-23 (1956).

Die Hitzeresistenz der Stärkemikroflora. Spicher, G. Stärke 8. 187-88 (1956).

Die in der Stärkefabrikation vorkommenden Mikroorganismen. Diviš, Antonin Listy Cukrovarnické 71, 197-200 (1955). - Ref. C. 1959 2984

Über die scheinbare Keimfreiheit der Stärke. Babicka, J. Listy Cukrovarnické 70. 43-45 (1954). - Ref.C.A. 48. 6150e (1954), C. 1950/54. 8240 S.

Ein Fall von Schimmelwachstum auf Filtertuch in einer Kartoffelstärkefabrik. de Man,J.C. Proefstat.Aardappelverwerk, Groningen, Koober. Nr. 35. (1951), - Ref.Stärke 4, 141 (1952), C.A.46, 2828g (1952).

Thermophile Organismen in Stärke und Zucker. Clark, F.M. und Tanner jr.,Fred.W. Food Manufact. 14. 387-89. 15. 39-44. (1940). - Ref. C. 1940, II. 140

Bakteriologische Probleme in Verbindung mit Kartoffelmehl und Kartoffelmehlfabrikation. Aschehoug, Valborg und John Lyng Tidsskr. Hermetikind. 21. 367-71. (1935). - Ref. C. 1936. II. 2251

Prüfung der Kartoffelmehle im Keimgehalt. Schulz, A.P. und Seith, Hans Z.Spiritusind. 55. 172-73. (1932). - Ref.C. 1932. II. 2382.

Kartoffelstärkekörner als Pilznester. Lindner, Paul Z.Spiritusind. 43. 213 (1920). - Ref. C. 1920. IV. 625

Organismen in der Stärkefabrikation. Saare, O. Wagner's Jber.chem. Technol. 43. 782-786 (1897). - W.Ref. 2276

045. Lagerung und Transport

(Silos, Abpackung, pneumatische Förderung. Veränderungen bei Lagerung vgl. bei "Alterung (Retrogradation) ": 862)

Großsilo für Kartoffelstärke. Olsson, G. Stärke 17. 234-37 (1965).

Das Befahren von Silozellen. Bretzke, W. Stärke 16. 364-67 (1964).

Die Verdoppelung der Geschwindigkeit der Verpackung von Stärke. Chem.Processing (USA) 26. 51 u. 53 (1963). - Ref.J.Chem.(russ.) 1963. 24 R309.

Eine besondere Abpackungsanlage löst die bei der Kartoffelstärkegewinnung auftretenden Probleme. Runo, W.R. Adhesives Age 5. Nr. 10. 30-31 (1962). - Ref.J.Chem.(russ.) 1963, 10 R283.

Fluidlift-Transport, theoretische und praktische Erfahrungen bei spezieller Berücksichtigung der Stabilitätsverhältnisse. Oetiker, H. Stärke 14. 369-73 (1962).

Eigenschaften und Förderarten von Stärkeprodukten. Grundlagen der Fließförderung. Friedrich, W. Stärke 14. 360-69 (1962) - Ref. J.(russ.) 1963, 12 R298.

Rationalisierungsmöglichkeiten durch Anwendung der pneumatischen Förderung bei Lagerung und Auslieferung von Stärke. Hackenbruch, R. Stärke 14. 373-80 (1962) - Ref.J.(russ.) 1963, 12 R297.

Der pneumatische Transport von Schüttgütern unter besonderer Berücksichtigung der Förderung von Stärke. Günther, F.A. Stärke 13. 369-75 (1961).

Vorrichtung zum Ausladen von Rohstärke und ähnlichen Produkten aus Behältern. Nagorny, Ja.A. UdSSR.P. 129 130 ausg. 1/6. 1960 - Ref.J.Chem.(russ.) 1961. Nr. 11 N391, Stärke 14, 334 (1962).

Erfahrungen mit dem Transport von loser Stärke. Grunewald, A. Stärke 11. 360-63 (1959) - Ref.C. 1960, 12865.

Die pneumatische Förderung von Stärkemehl. Stein. P.A. Mühle 96. 533-34 (1959) - Ref.Stärke 13, 26 (1961)

046. Rohstoffragen

(Quellen der Stärkerohstoffe, Anbaugebiete in verschiedenen Ländern, Rohstoffbasen)

Über die Gebiete der Verarbeitung von Kartoffeln auf Stärke und Futter in den Kolchosen und Sowchosen. Pasiruk, K.I., Ssemenow, K.Ss. und Tschegolina, M. Arb.Allunions wiss.Forsch.-Inst. Stärkeprodukte (russ.) 7. 47-60 (1964).

Die Durchsicht der Rohstoffgebiete, einer der wichtigsten Wege zur Steigerung der Produktion von Stärkeprodukten im Nordkaukasus. Tschernysch, T.F. Zucker-Ind.(russ.) 38. Nr. 10. 53-57 (1964). - Ref.J.Chem.(russ.) 1965. 7 R278.

Zur Erniedrigung der Norm des Rohstoffverbrauches bei der Herstellung von Halbfabrikaten in Maiskombinaten. Siborow, D.K. und Shuschman, A.I. Zucker-Ind.(russ.) 38. Nr.10. 769-72 (1964) - Ref.C. 1965. 29-2944, Ref.J.Chem.(russ.) 1965, 7 R278.

Über die Perspektiven einer Vergrößerung der Rohstoffbaiss der Kartoffelstärkeindustrie. Pasiruk, K.I. und Ssokolow, N.N. Zucker-Ind.(russ.) 38. Nr.9. 64-68 (1964) - Ref.J.Chem.(russ.) 1965. 3 R300.

Stärkerohstoffe in den Commonwealth Ländern. 4.Mitt. Mais. Chadha, Y.R. Trop.Sci. 4. Nr.1. 13-37 (1962). - Ref.J.Chem.(russ.) 1962. 23 N385.

Mehr Rohstoffe für die Stärke- und Stärkesirup-Industrie. Zucker-Ind.(russ.) 35. Nr. 3. 1-4 (1961).

Zur Frage einer gesicherten Rohstoffbasis für die Stärke-Sirup-Industrie von Nord-Ossetien. Gasdarow, A.A. Nachr.Nordossetischen Forsch.-Inst. beim Ministerium Nordosset.ASSR.(russ.) 21. Nr.2. 59-77 - Ref.J.Chem.(russ.) 1963. 12 R300.

Stärke: Rohmaterialquellen und Verwendung.Kennedy, N.F. Ind.Engng. Chem.47, 1405-08 (1955). - Ref.C.A. 49. 15270c (1955).

Kohlenhydrat-Rohstoffe. (Auslandsberichte). Lindemann, E. Stärke 7. 245-46 (1955).

Die Behandlung von Rohstoffen. Clyne, Ernest J. Confect Product 10. 98-100. (1944). - Ref.C. 1944. II. 1019.

Tropische und subtropische Weltwirtschaftspflanzen; ihre Geschichte, Kultur und volkswirtschaftliche Bedeutung. I.Teil. Stärke- und Zuckerpflanzen. Bernegg, A.S.v. Verlag Ferdinand Enke, Stuttgart 1929. 438 S.

Stärkerohstoffe. Heritage, J.P. Sci.American 121. 388; 398 (1919). - W.Ref. 2133.

Das Stärkemehl und die Mehl liefernden Pflanzen der neuen Welt. Böhnke-Reich, H. Arch.Pharmazie 206. 418-31 (1875). - W.Ref. 2009.

Stärkerohstoffe. Sci.American 30. 401 (1874). - W.Ref. 2008.

047. Arbeitsschutz, Staubexplosionen

(Unfallverhütung, Staubgefahren, Staubzündungen, Gefahrenquellen)

Untersuchungen über die Staubexplosion von Stärke. Takahashi, R., Iwata, A. und Ikeda, H. J.technol.Soc.Starch (Japan) 13. Nr.1. 12-21 (1965).

Schwere Staubexplosion in Futtermittelabteilung. Defren, W. Mühle 102. 365-66 (1965). - Ref. Stärke 17. 362 (1965).

Neue Unfallverhütungsvorschriften ab 6. August 1965. Sauerteig, H. Stärke 17. 354-55 (1965).

Rechtliche und technische Fragen der industriellen Luftreinhaltung unter besonderer Berücksichtigung organischer Geruchsstoffe.Bernert, J. Stärke 17. 162-66 (1965).

Umgang mit brennbaren Stäuben.Fishkin, C.I. und Smith, R.L. Chem. Engng.Progr. 60. Nr.4. 45-48 (1964). - Ref. C. 1965. 31-2082.

Druckentwicklung bei Staubexplosionen im Laboratoriumsmaßstab.Nagy, J., Cooper, A.R. und Stupar, J.M. U.S.,Bur.Mines,Rept.Invest-Nr. 6561. 19 S. (1964) - Ref. C.A. 62. 3875c (1965).

Neue Bestimmungen für die Unfallverhütung aus dem UVNG und die sich daraus ergebenden Folgerungen für den Unternehmer. Sauerteig, H. Stärke 16. 132-34 (1964).

Staubexplosionsverhütung im Vereinigten Königreich unter besonderer Berücksichtigung der Stärke- und ähnlichen Industrien.Burgoyne, J.H. und Faulds, J.M. Stärke 15. 260-66 (1963).

Vortragsreihe über Staubgefahren in der Stärke- und Dextrinindustrie. The British Dextrine Manufacturers' Association. London 1962.113 S. - Ref. Stärke 16. 274 (1964).

Pyrophore Stäube in Technik und Industrie. Zehr, J. Staub 22.494-505 (1962). - Ref. C. 1965. 39-2197.

Möglichkeiten einer Staubexplosion bei der Stärketrocknung im Kurzzeittrockner. Zucker-Ind.(russ.) 36. Nr.11. 74-75 (1962).

Neuere Forschungen über die Explosionsfähigkeit von landwirtschaftlichen Produkten.Jacobson, M. und Nagy,J. Food Technol. 16.32-34 (1962). - Ref. Stärke 15. 38 (1963).

Möglichkeiten einer Staubexplosion bei der Stärketrocknung in einem Kurzzeittrockner.Buchtmeier, F. Stärke 13. 442-50 (1961) - Ref. C. 1962, 17595, Ref.J.Chem.(russ.) 1962, 15 N283.

Neufassung der amerikanischen Vorschriften zur Verhütung von Staubexplosionen in Stärkefabriken.Sauerteig, H. Stärke 13. 19-21 (1961).

Die experimentelle Bestimmung der oberen Zündgrenze von Staub/Luft-Gemischen als Beitrag zur Beurteilung von Staubexplosionsgefahren. Zehr, J. Staub 19. 204-14 (1959) - Ref. Stärke 13. 350 (1961).

Gefahr bei der Berührung des Sauerstoffes mit brennbaren Stoffen. Māca, Ferdinand Prūmysl Potravin 10. 102-04 (1959).

Die Rolle oberflächenaktiver Substanzen bei der Benetzung von verschiedenen Industriestauben.Csürös, Z. Periodica Polytechnica 3. 65-86 (1959).

Getreide- und Mehlstaubexplosionen.Bretzke, W. Mühle 96. 414 (1959).

Schutz vor Selbstzündungen, Explosionen, Bränden aus Stäuben in der Stärkeindustrie.Geck, W.H. Stärke 11. 106-14 (1959) - Ref. C. 1960, 2719, Ref.J.Chem.(russ.) 1960, 5515.

Die Unfallverhütung in den Stärkefabriken unter besonderer Berücksichtigung der Staubexplosionen.Bretzke, W. Stärke 10. 112-18 (1958) - Ref. C. 1959, 6591, C.A. 54, 1905h (1960).

Staubexplosionsgefahren in Stärkefabriken.Bretzke, W. Arbeitsschutz, Köln 2. 28-30 (1958) - Stärke 13, 423 (1961).

Wirksames Entstäubungssystem für eine Stärkeabfüllanlage. Ziemba, John V. Food Engng. 30. 92-93 (1958) - Ref. Stärke 13. 350 (1961).

Elektrostatische Aufladung von Stäuben.Mirgel, K.H. Z.Ver.dtsch. Ing. 13. 549-50 (1958) - Ref.Stärke 11. 53 (1959).

Verhütung von Staubexplosionen.Albrecht, W. Mühle 93. 425 (1956).

Zündfähige Industriestäube. Gefahrenquellen und betriebliche Sicherheitsmaßnahmen.Geck, W.H. Dtsch.Ingenieur-Verlag GmbH, Düsseldorf 1954. 232 S.

Über explosionstechnische Untersuchungen an industriellen Stäuben. Wehner, E. Staub 1954. 571-82.

Amerikanische Vorschriften zur Verhütung von Staubexplosionen in Stärkefabriken.Sauerteig, H. Stärke 6. 27-29 (1954).

Selbstentzündungstemperaturen von organischen Stäuben.Costa, D., Cerniani, A. und Costantinides, G. Chim. e Ind.(Milano) 34. 645-54 (1952).

Praxis und Theorie der Explosionen von Getreide- und Mehlstaub.Sauerteig, H. Berufsgenossenschaft 1951. 207-10, 243-47.

Praxis und Theorie der Explosionen von Getreide- und Mehlstaub.Sauerteig, H. Müllerei, 4. 685-87, 700-01, 747-48 (1951) - Ref.C. 1952. 7713

Statische Elektrisierung fester Teilchen durch Zerstäubung.Czyzak, S.J. und Williams, D.T. Science (Washington) 114. 66-68 (1951). - Ref. C. 1953. 490

Staubzündungen.Geck, Walter H. Stärke 3. 63. (1951) - Ref.C. 1952, 274.

Betriebsgefahren bei der Herstellung von Mehlveredelungsmitteln. Meyer, W. Dtsch.Lebensmittel-Rdsch. 15. 181-83 (1938).

Explosionsbedingungen in Mahl- und Ölmühlen.Loch, R. Mühle 74. 1507-09. (1937) - Ref. C. 1938. I. 2032.

Eine Untersuchung der verheerenden Stärkestaub-Explosion in Pekin, Illinois. Price, David J., Brown, Hylton R. und Edwards, Paul W. Chem.metallurg.Engng. 30. 579-584 (1924) - Ref. C. 1924. II. 246

Staubexplosion verwüstet große Fabrik. Safety Engng. 47. 32-33 (1924) - W.Ref. 2368.

Stärkestaubexplosionen.Chamberlain, G.E. Chem.Age 32. 95-97 (1924) -Ref. C.A. 18. 2251 (1924) - W.Ref. 1292.

Geringere Begrenzung der Konzentration für die Explosion von Staub in der Luft.Trostel, L.J., und Frevert, H.W. Chem.metallurg. Engng. 30. 141-146 (1924) - Ref. C.A. 18. 1052 (1924), W.Ref. 1297.

Explosion in Stärkefabrik bringt Tod und Verderben. Popular Mechan. Mag. 32. 201 (1919) - W.Ref. 2343.

Entflammbarkeit von kohlenstoffhaltigem Staub.Brown, H.H. J.ind. Engng.Chem. 9. 269-275 (1917) - W.Ref. 1263.

Explosion in den Dextrin-Werken der Herren J. Laing, Sohn & Co., Holt Town, Manchester, 11. März 1913.Jackson, J. J.Soc.chem. Ind. 32. 1080 (1913) - Ref. C.A. 8. 1209 (1914), W.Ref. 1252.

Entflammbarkeit von kohlenstoffhaltigem Fabrikstaub. Wheeler, R.V. Engineering 95. 606-607 (1913) - Ref. C.A. 7. 2686 (1913), W. Ref. 1254.

Eine besondere Staubexplosion. Grosvenor, W.M. J.Soc.chem.Ind. 33. 60-63 (1914) - Ref. C.A. 8. 1347 (1914), C. 1914, I. 925, W.Ref. 1258.

Der neue Gefahrentarif der Berufsgenossenschaft der Molkerei-, Brennerei- und Stärke-Industrie. Z.Spiritusind. 31. 429 (1908).

Eine Stärkeexplosion. Sci.American 41. 151 (1879) - W.Ref. 1203.

05. Stärke- und Stärkezuckerhandel

- 050. Allgemeines
- 051. Stärke im In- und Außenhandel Deutschlands
- 052. Stärke im Handel europäischer Staaten (außer Deutschland)
- 053. Stärke im Handel überseeischer Staaten
- 054. Stärkezuckererzeugung und -Verkehr in Deutschland
- 055. Stärkezucker im Handel verschiedener Staaten (außer Deutschland)
- 056. Steuern und Zölle

050. Allgemeines

Die Polysaccharidhydrokolloide des Handels. Stoloff, L. Advances Carbohydrate Chem. 13. 265-87 (1958) - Ref. C. 1962. 5692.

Handelsstärken der Kampagne 1939/40. Beitrag zur Frage der Qualitätsbewertung von Handelsstärken. Hospes, B. und Almendinger, V. Sbornik české Akad. Zemědělské (1940) (Ann.tschech.Akad. Landwirtschaft) 15. 271-77 1940 - Ref.C. 1941. I. 1748.

Stärkearten des Handels. Wallis, T.E. Pharmac.J. 131. 396-397 (1933) - Ref. C. 1933. II. 2907.

Die Handelsstärken, ihre Herstellung und ihr Verbrauch. Simmonds, P.L. Pharmac.J.Trans. Ser. 3. 3. 833-37, 853-55 (1872/73) - W.Ref. 2006.

051. Stärke im In- und Außenhandel Deutschlands

Stärke- und Stärkeerzeugnisse im Außenhandel der Bundesrepublik 1959. Stein, E. Stärke 12. 276-79 (1960).

Stärke und Stärkeerzeugnisse im Außenhandel der Bundesrepublik 1958. Stein, E. Stärke 11. 279-82 (1959).

Stärke und Stärkeerzeugnisse im Außenhandel der Bundesrepublik 1957. Stein, E. Stärke 10. 87-89 (1958).

Stärke und Stärkeerzeugnisse im Gemeinsamen Markt. Stein, E. Stärke 10. 16-18 (1958).

Stärke und Stärkeerzeugnisse im Außenhandel der Bundesrepublik und anderer wichtiger Europagebiete. Stein, E. Stärke 6. 108-11 (1954).

Stärke und Stärkeerzeugnisse im Außenhandel der Bundesrepublik und einiger anderer Länder. Stärke 5. 220-23 (1953).

051

Außenhandel mit Stärke und Stärkeveredlungserzeugnissen der Bundesrepublik Deutschland ab 1945. Götze, W. Stärke 4. 203-05 (1952).

Stärke und Stärkeerzeugnisse im Außenhandel der Bundesrepublik. Stein, E. Stärke 3. 302 (1951).

Ein- und Ausfuhr von Branntwein, zur Branntweinerzeugung benötigten Stoffen, Hefe, Stärke, Essig usw. im ersten Halbjahr 1939. Z.Spiritusind. 62. 255-56 (1939).

Die Stärke im deutschen Güterverkehr 1937. Z.Spiritusind. 62. 27 (1939).

Ein- und Ausfuhr von Branntwein, zur Branntweinerzeugung benötigten Stoffen, Hefe, Stärke, Essig usw. im ersten Halbjahr 1934. Z.Spiritusind. 57. 208 (1934).

Ein- und Ausfuhr von Branntwein, zur Branntweinerzeugung benötigten Stoffen, Hefe, Stärke, Essig usw. im ersten Vierteljahr 1934. Z. Spiritusind. 57. 135 (1934).

Spiritus und Stärke im deutschen Güterverkehr 1932. Schmidt, B. Z. Spiritusind. 57. 91 (1934).

Der deutsche Außenhandel in Kartoffeln, Stärke und Stärkefabrikaten im Kalenderjahr 1933. Z.Spiritusind. 57. 39 (1934).

Außenhandelsstatistik für Kartoffeln, Stärke und Stärkefabrikate. Z.Spiritusind. 57. 38, 56, 79, 135, 146, 196, 203, 221-222 (1934).

Außenhandelsstatistik für Kartoffeln, Stärke und Stärkefabrikate. Z.Spiritusind. 57. 3-4 (1934).

Ein- und Ausfuhr von Branntwein, zur Branntweinerzeugung benötigten Stoffen, Hefe, Stärke, Essig usw. im Dreivierteljahre Januar/September 1933. Z.Spiritusind. 56. 245 (1933).

Ein- und Ausfuhr von Branntwein, zur Branntweinerzeugung benötigten Stoffen, Hefe, Stärke, Essig usw. im ersten Vierteljahr 1933. Z. Spiritusind. 56. 96 (1933).

Ein- und Ausfuhr von Branntwein, zur Branntweinerzeugung benötigten Stoffen, Hefe, Stärke, Essig usw. im Jahre 1932. Z.Spiritusind. 56. 46 (1933).

Stärke, Kartoffelmehl und Stärkezucker im deutschen Güterverkehr 1931. Schmidt, B. Z.Spiritusind. 56. 128-29 (1933).

Außenhandelsstatistik für Kartoffeln, Stärke und Stärkefabrikate. Z.Spiritusind. 56. 6, 21-22, 72, 92, 112, 138, 167, 183-184, 227 (1933).

Ein- und Ausfuhr von Branntwein, zur Branntweinerzeugung benötigten Stoffen, Hefe, Stärke, Essig usw. im Dreivierteljahre Januar/September 1932. Z.Spiritusind. 55. 254 (1932).

Außenhandelsstatistik für Kartoffeln, Stärke und Stärkefabrikate. Z.Spiritusind. 55. 184, 213, 237, (1932).

Ein- und Ausfuhr von Branntwein, zur Branntweinerzeugung benötigten Stoffen, Hefe, Stärke, Essig usw. im ersten Vierteljahr 1932. Z.Spiritusind. 55. 112 (1932).

Ein- und Ausfuhr von Branntwein, zur Branntweinerzeugung benötigten Stoffen, Hefe, Stärke, Essig usw. im Jahre 1931. Z.Spiritusind. 55. 43 (1932).

Stärke, Stärkemehl usw. im deutschen Güterverkehr 1930. Z.Spiritusind. 55. 67 (1932).

Spiritus usw. und Stärke im deutschen Güterverkehr 1929. Schmidt,B. Z.Spiritusind. 54. 133 (1931).

Ein- und Ausfuhr von Branntwein, zur Branntweinerzeugung benötigten Stoffen, Hefe, Stärke, Essig usw. im Dreivierteljahre Januar/September 1931. Z.Spiritusind. 54. 290 (1931).

Ein- und Ausfuhr von Branntwein, zur Branntweinerzeugung benötigten Stoffen, Hefe, Stärke, Essig usw. im ersten Halbjahre 1931. Z. Spiritusind. 54. 223 (1931).

Ein- und Ausfuhr von Branntwein, zur Branntweinerzeugung benötigten Stoffen, Hefe, Stärke, Essig usw. im ersten Vierteljahre 1931. Z.Spiritusind. 54. 134 (1931).

Ergänzungen zur Außenhandelsstatistik 1930 für Kartoffeln, Stärke usw. Z.Spiritusind. 54. 115 (1931).

Ein- und Ausfuhr von Branntwein, zur Branntweinerzeugung benötigten Stoffen, Hefe, Stärke, Essig usw. im Jahre 1930. Z.Spiritusind. 54. 40 (1931).

Außenhandelsstatistik für Kartoffeln, Stärke und -fabrikate. Z.Spiritusind. 54. 9, 48, 66, 91, 114, 144, 175-176, 199, 222, 250, 279, 297 (1931).

Ein- und Ausfuhr von Branntwein, zur Branntweinerzeugung benötigten Stoffen, Hefe, Stärke, Essig usw. im Dreivierteljahre Januar/September 1930. Z.Spiritusind. 53. 319 (1930).

Ein- und Ausfuhr von Branntwein, zur Branntweinerzeugung benötigten Stoffen, Hefe, Stärke, Essig usw. im ersten Halbjahre 1930. Z. Spiritusind. 53. 237 (1930).

Ein- und Ausfuhr von Branntwein, zur Branntweinerzeugung benötigten Stoffen, Hefe, Stärke, Essig usw. im ersten Vierteljahre 1930. Z.Spiritusind. 53. 143 (1930).

Ein- und Ausfuhr von Branntwein, zur Branntweinerzeugung benötigten Stoffen, Hefe, Stärke, Essig usw. im Dreivierteljahre Januar/September 1929. Z.Spiritusind. 52. 359 (1929).

Ein- und Ausfuhr von Branntwein, zur Branntweinerzeugung benötigten Stoffen, Hefe, Stärke, Essig usw. im ersten Halbjahr 1929. Z. Spiritusind. 52. 269 (1929).

Ein- und Ausfuhr von Branntwein, zur Branntweinerzeugung benötigten Stoffen, Hefe, Stärke, Essig usw. im ersten Vierteljahr 1929. Z.Spiritusind. 52. 171 (1929).

Spiritus und Stärke im deutschen Eisenbahngüterverkehr 1927. Schmidt, B. Z.Spiritusind. 52. 200-01, 207-08 (1929).

Ein- und Ausfuhr von Branntwein, zur Branntweinerzeugung benötigten Stoffen, Hefe, Stärke, Essig usw. im Jahre 1928. Z.Spiritusind. 52. 64 (1929).

Außenhandelsstatistik für Kartoffeln, Kartoffelstärke und -fabrikate. Z.Spiritusind. 52. 21, 76, 95, 124, 153, 191-192, 313-314 (1929).

Stärke und Spiritus im deutschen Eisenbahnversand 1926. Z.Spiritusind. 51. 123-24, 133 (1928).

Ein- und Ausfuhr von Branntwein, zur Branntweinerzeugung benötigten Stoffen, Hefe, Stärke, Essig usw. im Dreivierteljahre Januar/September 1928. Z.Spiritusind. 51. 347 (1928).

Ein- und Ausfuhr von Branntwein, zur Branntweinerzeugung benötigten Stoffen, Hefe, Stärke usw. im ersten Halbjahre 1928. Z.Spiritusind. 51. 231 (1928).

Ein- und Ausfuhr von Branntwein, zur Branntweinerzeugung benötigten Stoffen, Hefe, Stärke, Essig usw. im ersten Vierteljahre 1928. Z.Spiritusind. 51. 148-49 (1928).

Ein- und Ausfuhr von Branntwein, zur Branntweinerzeugung benötigten Stoffen, Hefe, Stärke, Essig usw. im Jahre 1927. Z.Spiritusind. 51. 59 (1928).

Außenhandelsstatistik für Kartoffeln, Kartoffelstärke und -Fabrikate. Z.Spiritusind. 51. 24, 59, 82, 140-141, 174, 213-214, 242, 251, 300, 331, 366 (1928).

Die Stärke im deutschen Güterverkehr. Schmidt, B. Z.Spiritusind. 50. 116 (1927).

Ein- und Ausfuhr von Branntwein, zur Branntweinerzeugung benötigten Stoffen, Hefe, Stärke, Essig usw. im Dreivierteljahre Januar/September 1927. Z.Spiritusind. 50. 314 (1927).

Ein- und Ausfuhr von Branntwein, zur Branntweinerzeugung benötigten Stoffen, Hefe, Stärke, Essig usw. im ersten Halbjahre 1927. Z.Spiritusind. 50. 231 (1927).

Ein- und Ausfuhr von Branntwein, zur Branntweinerzeugung benötigten Stoffen, Hefe, Stärke, Essig usw. im ersten Vierteljahre 1927. Z.Spiritusind. 50. 138 (1927).

Ein- und Ausfuhr von Branntwein, zur Branntweinerzeugung benötigten Stoffen, Hefe, Stärke, Essig usw. im Jahre 1926. Z.Spiritusind. 50. 56 (1927).

Stärkezuckerverkehr im Dezember 1926 und seit Beginn des Betriebsjahres (1.September 1926). Z.Spiritusind. 50. 24 (1927).

Außenhandelsstatistik für Kartoffeln, Kartoffelstärke und -Fabrikate. Z.Spiritusind. 50: 2, 56, 77, 104, 131, 167, 190, 224, 254-255, 293, 316, 375 (1927).

Ein- und Ausfuhr von Branntwein, zur Branntweinerzeugung benötigten Stoffen, Hefe, Stärke, Essig usw. im Dreivierteljahre Januar/September 1926. Z.Spiritusind. 49. 323 (1926).

Ein- und Ausfuhr von Branntwein, zur Branntweinerzeugung benötigten Stoffen, Hefe, Stärke, Essig usw. im ersten Halbjahre 1926. Z. Spiritusind. 49. 236 (1926).

Kartoffeln, Stärke, Branntwein usw. im deutsch-französischen Handelsprovisorium. Z.Spiritusind. 49. 235-36 (1926).

Stärke usw. im deutschen Güterverkehr. Schmidt, B. Z.Spiritusind. 49. 176 (1926).

Ein- und Ausfuhr von Branntwein, zur Branntweinerzeugung benötigten Stoffen, Hefe, Stärke, Essig usw. im ersten Vierteljahre 1926. Z.Spiritusind. 49. 143 (1926).

Ein- und Ausfuhr von Branntwein, zur Branntweinerzeugung benötigten Stoffen, Hefe, Stärke, Essig usw. im Jahre 1925. Z.Spiritusind. 49. 51 (1926).

Ein- und Ausfuhr von Branntwein, zur Branntweinerzeugung benötigten Stoffen, Hefe, Stärke, Essig usw. im Jahre 1925. Z.Spiritusind. 49. 51 (1926).

Außenhandelsstatistik für Kartoffeln, Kartoffelstärke und -Fabrikate. Z.Spiritusind. 49.8, 44, 87, 108, 176, 180, 198, 230, 256, 317, 364 (1926).

Ein- und Ausfuhr von Branntwein, zur Branntweinerzeugung benötigten Stoffen, Hefe, Stärke usw. in den Monaten Januar bis August 1922. Z. Spiritusind. 45. 200, 238-239, 256, 301 (1922).

Die neuen Preise für Kartoffelstärke und Trockenkartoffeln. Lindner, R. Z.Spiritusind. 43.121 (1920).

Die voraussichtlichen neuen Preise und die Unkosten der Stärkefabrikation in dem verflossenen Teil der Campagne 1919/20. (Zugleich Bericht über eine statistische Umfrage des Wirtschaftlichen Beirates des Vereins der Stärke-Interessenten in Deutschland).Lindner, R. Z.Spiritusind. 43. 107-108 (1920).

Ausfuhr von Kartoffelfabrikaten über Stettin im Jahre 1910. Z.Spiritusind. 34. 137 (1911).

Deutschlands Ausfuhr von Stärke und Stärkefabrikaten im Januar bis incl. Oktober 1911 und in den ersten vier Monaten des Betriebsjahres 1910/11 im Vergleich zu den beiden letzten Vorjahren. Z.Spiritusind. 34. 135, 243, 267, 329, 409, 443, 537, 605 (1911).

Warenverkehr des Deutschen Reichs im Januar, Februar, 1.Januar bis 30. April, bis 31. Mai, bis 30. Juni, bis 31. August und bis 30. September 1911. Z.Spiritusind. 34. 126, 168, 283, 337 u. 348, 396-397, 493 u. 530-531 (1911).

Deutschlands Ausfuhr von Stärke und Stärkeerzeugnissen im Jahre 1910. Student, M. Z.Spiritusind.34. 121-22 (1911).

Deutschlands Ausfuhr von Stärke und Stärkefabrikaten im November und Dezember 1910 und in den ersten drei Monaten des Betriebsjahres 1910/11 im Vergleich zu den beiden letzten Vorjahren. Z.Spiritusind. 34.18, 90 (1911).

Warenverkehr des Deutschen Reichs vom 1.Januar bis zum 30.November und 31. Dezember 1910. Z.Spiritusind. 34. 3, 57 (1911).

Warenverkehr des Deutschen Reichs vom 1.Januar bis 30.Juni, 31. August, 30.September und 31.Oktober 1909. Z.Spiritusind. 32. 369-70, 454, 527 u. 560 (1909).

Die Ausfuhr von Stärke und Stärkefabrikaten aus dem deutschen Zollgebiete im Jahre 1908.Student, M. Z.Spiritusind. 32. 79-80 (1909).

Warenverkehr des Deutschen Reichs im Oktober und in der Zeit vom 1.Januar bis 31.Oktober 1907. Z.Spiritusind. 30. 537 (1907).

Warenverkehr des Deutschen Reichs im Juni und in der Zeit vom 1. Januar bis 30.Juni 1907. Z.Spiritusind. 30. 371-72 (1907).

Warenverkehr des Deutschen Reichs im Mai und in der Zeit vom 1.Januar bis 31.Mai 1907. Z.Spiritusind. 30. 293 (1907).

Bremens Ein- und Ausfuhr von Stärke und Spirituosen im Jahrfünft 1902-1906. Z.Spiritusind. 30. 259 (1907).

Warenverkehr des Deutschen Reichs im April und in der Zeit 1.Januar bis 30.April 1907. Z.Spiritusind. 30. 247 (1907).

Warenverkehr des Deutschen Reichs im Januar 1907. Z.Spiritusind. 30. 100 (1907).

Die Ausfuhr von Stärke und Stärkefabrikaten aus dem deutschen Zollgebiete im Jahre 1906. Student, M. Z.Spiritusind. 30. 75 (1907).

Warenverkehr des Deutschen Reichs im Dezember und in der Zeit vom 1.März bis 31.Dezember 1906. Z.Spiritusind. 30. 53 (1907).

Zum Stärkegeschäft Deutschlands nach Spanien. Z.Spiritusind. 30. 29 (1907).

Warenverkehr des Deutschen Reichs im November und in der Zeit vom 1.März bis 30.November 1906. Z.Spiritusind. 30. 13 (1907).

Ausfuhr von Spirituosen, Hefe, Stärke und Stärkefabrikaten aus dem deutschen Zollgebiete nach Mexiko, Finland, Rußland, Columbien, den deutschen Freihäfen Hamburg und Cuxhafen, Brasilien, Venezuela, Peru, Rumänien, der europäischen Türkei, der asiatischen Türkei, Griechenland, Britisch-Indien, Deutsch-Südwestafrika und Bulgarien im Jahre 1905 im Vergleich zu den letzten fünf Vorjahren. Z.Spiritusind. 30. 5, 13, 23, 40, 53, 70, 78, 92, 100, 114, 122, 136, 144, 157 u. 165-166 (1907).

Warenverkehr des Deutschen Reichs im September und in der Zeit vom 1.März bis 30.September 1906. Z.Spiritusind. 29. 416 (1906).

Ausfuhr von Spirituosen, Hefe, Stärke und Stärkefabrikaten zwischen dem deutschen Zollgebiete und Dänemark, Frankreich, Schweden und Norwegen, Belgien, Großbritanien und Irland, Schweiz, Chile, Uruguay, Japan und Ägypten im Jahre 1905 im Vergleich zu den letzten fünf Vorjahren. Z.Spiritusind. 29. 334, 359, 367, 376, 397, 436, 456, 466, 487 u. 495 (1906).

Warenverkehr des Deutschen Reichs im Juni und in der Zeit vom 1.März bis 30.Juni 1906. Z.Spiritusind. 29. 324 (1906).

Der Warenverkehr des deutschen Zollgebiets im Jahre 1905 nach Menge und Wert. Z.Spiritusind. 29. 257 (1906).

Warenverkehr des Deutschen Reichs im Mai und in der Zeit vom 1.März bis 31.Mai 1906. Z.Spiritusind. 29. 249 (1906).

Warenverkehr des Deutschen Reichs im April und in der Zeit vom 1. März bis 30. April 1906. Z.Spiritusind. 29. 213 (1906).

Warenverkehr des Deutschen Reichs im März 1906. Z.Spiritusind. 29. 195 (1906).

Warenverkehr des deutschen Zollgebiets im Januar 1906. Z.Spiritusind. 29. 87-88 (1906).

Die Ausfuhr von Stärke und Stärkefabrikaten aus dem deutschen Zollgebiete im Jahre 1905. Z.Spiritusind. 29. 43, 45 (1906).

Warenverkehr des deutschen Zollgebiets in den ersten zehn Monaten des Jahres 1905. Z.Spiritusind. 28. 453 (1905).

Rückblick auf die deutsche Spiritus- und Stärkeausfuhr in den ersten drei Vierteljahren 1905. Student, M. Z.Spiritusind. 28. 426 (1905).

Warenverkehr des deutschen Zollgebiets in den ersten acht Monaten des Jahres 1905. Z.Spiritusind. 28. 373 (1905).

Ausfuhr von Spirituosen, Stärke und Stärkefabrikaten aus dem deutschen Zollgebiet nach Schweden und Norwegen im Jahre 1904 im Vergleich zu den letzten fünf Vorjahren. Z.Spiritusind. 28. 363 (1905).

Der Verkehr in Stärke und Kartoffelmehl auf den wichtigsten Staats-Eisenbahnstationen der Handelskammerbezirke Brandenburg und Potsdam im Jahre 1903/04. Z.Spiritusind. 28.353 (1905).

Rückblick auf die deutsche Spiritus- und Stärkeausfuhr im ersten Vierteljahr 1905.Student, M. Z.Spiritusind. 28. 189-90 (1905).

Die Ausfuhr von Stärke und Stärkefabrikaten aus dem deutschen Zollgebiete im Jahre 1904. Student, M. Z.Spiritusind. 28. 64 (1905).

Warenverkehr des deutschen Zollgebiets in den ersten zehn Monaten des Jahres 1904. Z.Spiritusind. 27. 491 (1904).

Rückblick auf die deutsche Spiritus- und Stärkeausfuhr in den ersten drei Vierteljahren 1904. Z.Spiritusind. 27. 461 (1904).

Warenverkehr des deutschen Zollgebiets in den ersten neun Monaten des Jahres 1904. Z.Spiritusind. 27. 455 (1904).

Warenverkehr des deutschen Zollgebiets in den ersten acht Monaten des Jahres 1904. Z.Spiritusind. 27. 414 (1904).

Verkehr in (Ausfuhr von) Spirituosen, Hefe, Stärke und Stärkefabrikaten zwischen dem deutschen Zollgebiete und Großbritannien und Irland, Chile und Ägypten im Jahre 1903 im Vergleich zu den letzten fünf Vorjahren. Z.Spiritusind. 27. 361, 455, 518 (1904).

Warenverkehr des deutschen Zollgebiets in den ersten sieben Monaten des Jahres 1904. Z.Spiritusind. 27. 361 (1904).

Der Warenverkehr des deutschen Zollgebiets im Jahre 1903 nach Menge und Wert. Z.Spiritusind. 27. 279 u. 281 (1904).

Warenverkehr des deutschen Zollgebiets in den ersten vier Monaten des Jahres 1904. Z.Spiritusind. 27. 233-34 (1904).

Rückblick auf die deutsche Spiritus- und Stärkeausfuhr im ersten Vierteljahre 1904. Student, M. Z.Spiritusind. 27. 197 (1904).

Übersicht der Ausfuhr von Kartoffelfabrikaten seewärts über Stettin im Jahre 1903. Z.Spiritusind. 27. 139 (1904).

Die Ausfuhr von Stärke und Stärkefabrikaten aus dem deutschen Zollgebiete im Jahre 1903. Z.Spiritusind. 27. 61 (1904).

Die Ausfuhr von Spirituosen, Hefe, Stärke und Stärkefabrikaten aus dem deutschen Zollgebiete nach Britisch-Südafrika, Costarica, Zollausschluß Helgoland, Freihäfen Hamburg und Cuxhaven, Brasilien, Mexiko, Argentinien und Chile im Jahre 1900 im Vergleich zu den drei letzten Vorjahren. Z.Spiritusind. 25. 6, 25, 48, 61, 101, 133, 143 und 154 (1902).

Warenverkehr des deutschen Zollgebiets in den ersten zehn Monaten des Jahres 1902. Z.Spiritusind. 25. 514 (1902).

Rückblick auf die deutsche Spiritus- und Stärke-Ausfuhr in den ersten drei Vierteljahren 1902. Z.Spiritusind. 25. 483-84 (1902).

Warenverkehr des deutschen Zollgebiets in den ersten neun Monaten des Jahres 1902. Z.Spiritusind. 25. 474 (1902).

Warenverkehr des deutschen Zollgebiets in den ersten acht Monaten des Jahres 1902. Z.Spiritusind. 25. 434 (1902).

Warenverkehr des deutschen Zollgebiets in den ersten sieben Monaten des Jahres 1902. Z.Spiritusind. 25. 392 (1902).

Der Warenverkehr des deutschen Zollgebiets im Jahre 1901 nach Menge und Wert. Z.Spiritusind. 25. 371 (1902).

Rückblick auf die deutsche Spiritus- und Stärke-Ausfuhr im ersten Halbjahre 1902. Z.Spiritusind. 25. 348-49 (1902).

Warenverkehr des deutschen Zollgebiets in den ersten sechs Monaten des Jahres 1902. Z.Spiritusind. 25. 343 (1902).

Warenverkehr des deutschen Zollgebiets in den ersten fünf Monaten des Jahres 1902. Z.Spiritusind. 25. 293 (1902).

Warenverkehr des deutschen Zollgebiets in den ersten vier Monaten des Jahres 1902. Z.Spiritusind. 25. 251 (1902).

Rückblick auf die deutsche Spiritus- und Stärke-Ausfuhr im ersten Vierteljahre 1902. Z.Spiritusind. 25. 209 (1902).

Warenverkehr des deutschen Zollgebiets in den ersten drei Monaten des Jahres 1902. Z.Spiritusind. 25. 201 (1902).

Warenverkehr des deutschen Zollgebiets in den ersten beiden Monaten des Jahres 1902. Z.Spiritusind. 25. 153 (1902).

Warenverkehr des deutschen Zollgebiets im Jahre 1902. Z.Spiritusind. 25. 111 (1902).

Die Ausfuhr von Stärke und Stärkefabrikaten aus dem deutschen Zollgebiete im Jahre 1901. Z.Spiritusind. 25. 75 (1902).

Warenverkehr des deutschen Zollgebiets im Dezember und in der Zeit vom 1.Januar bis Ende Dezember 1901. Z.Spiritusind. 25. 48 (1902).

Verkehr in (Ausfuhr von) Spirituosen, Hefe, Stärke und Stärkefabrikaten zwischen dem deutschen Zollgebiete und Frankreich, Belgien, den Niederlanden, Großbritannien und Irland, Italien, Oesterreich, Ungarn, Schweiz, Dänemark, Schweden und Norwegen, Rußland einschließlich Finnland, Spanien und Portugal, Britisch-Indien, den deutschen Freihäfen Hamburg und Cuxhaven, Rumänien, Columbien, Venezuela, China, Japan, Niederländisch-Indien und Britisch-Westindien im Jahre 1901 im Vergleich zu den letzten vier Vorjahren. Z.Spiritusind. 25. 261, 352, 372, 382, 405, 414, 423, 434, 443, 454, 475, 484, 494, 504, 514, 524, 534, 544 u. 554 (1902).

Verkehr von Stärke etc. auf den deutschen Eisenbahnen 1891. Z.Spiritusind. 15. 337 (1892).

Rückblick auf die deutsche Spiritus- und Stärke-Ausfuhr im ersten Halbjahre 1892. Z.Spiritusind. 15. 272 (1892).

Rückblick auf die deutsche Spiritus- und Stärke-Ausfuhr im ersten Vierteljahr 1892. Z.Spiritusind. 15. 159 (1892).

Die Ausfuhr von Stärke und Stärkefabrikaten aus dem deutschen Zollgebiete im Jahre 1891. Student, M. Z.Spiritusind. 15. 71-72 (1892).

Der deutsch-spanische Handelsvertrag und die deutsche Spiritus- und Stärke-Industrie. Z.Spiritusind. 15. 1 (1892).

052. Stärke im Handel europäischer Staaten (außer Deutschland)

Stärke und Stärkeerzeugnisse im Außenhandel der nordischen Länder. Stein, E. Stärke 18. 193 - 198 (1966).

Stärke und Stärkeerzeugnisse im Außenhandel wichtiger Europagebiete II.Teil (Schluß). Stein, E. Stärke 18. 27-29 (1966).

Stärke und Stärkeerzeugnisse im Außenhandel wichtiger Europagebiete. Stein, E. Stärke 17. 391-98 (1965).

Stärke und Stärkeerzeugnisse im Außenhandel der nordischen Länder. Stein, E. Stärke 17. 129-134 (1965).

Stärke und Stärkeerzeugnisse im Außenhandel wichtiger Europagebiete. Stein, E. Stärke 16. 293-303 (1964).

Stärke und Stärkeerzeugnisse im Außenhandel der nordischen Länder. Stein, E. Stärke 16. 128-32 (1964).

Stärke und Stärkeerzeugnisse im Außenhandel wichtiger Europagebiete. Stein, E. Stärke 15. 334-43 (1963).

Stärke und Stärkeerzeugnisse im Außenhandel der nordischen Länder. Stein, E. Stärke 15. 188-93 (1963).

Stärke und Stärkeerzeugnisse im Außenhandel wichtiger Europagebiete. Stein, E. Stärke 14. 469-78 (1962).

Stärke und Stärkeerzeugnisse im Außenhandel der nordischen Länder. Stein, E. Stärke 14. 135-39 (1962).

Stärke und Stärkeerzeugnisse im Außenhandel wichtiger Europagebiete. Nachtrag. Stein, E. Stärke 13. 379-80 (1961).

Stärke und Stärkeerzeugnisse im Außenhandel wichtiger Europagebiete. Stein, E. Stärke 13. 299-306 (1961).

Stärke und Stärkeerzeugnisse in der internationalen Außenhandels-Berichterstattung. Stein, E. Stärke 13. 136-41 (1961).

Stärke und Stärkeerzeugnisse im Außenhandel wichtiger Europagebiete. Stein, E. Stärke 12. 300-08 (1960).

Stärke und Stärkeerzeugnisse im Außenhandel wichtiger Europagebiete. Stein, E. Stärke 11. 325-32 (1959).

Stärke und Stärkeerzeugnisse im Außenhandel der Schweiz. Stein, E. Stärke 11. 130-33 (1959).

Stärke und Stärkeerzeugnisse im Außenhandel wichtiger Europagebiete 1957. Stein, E. Stärke 10. 205-11 (1958).

Der Außenhandel Frankreichs mit Stärke und Stärkeerzeugnissen 1957. Stein, E. Stärke 10. 41-44 (1958).

Stärke und Stärkeerzeugnisse im Außenhandel wichtiger Europagebiete 1956. Stein, E. Stärke 9. 176-82 (1957).

Stärke und Stärkeerzeugnisse im Außenhandel der Schweiz 1956. Stein, E. Stärke 9. 40-42 (1957).

Der Außenhandel Italiens, Belgien-Luxemburgs, Österreichs und der Niederlande mit Stärke und Stärkeerzeugnissen 1955. Stein, E. Stärke 8. 252-55 (1956).

Der Außenhandel Großbritanniens, Frankreichs und der Schweiz mit Stärke und Stärkeerzeugnissen 1955. Stein, E. Stärke 8. 230-33 (1956).

Stärke und Stärkeerzeugnisse im Außenhandel der Schweiz 1955. Stein, E. Stärke 8. 40-42 (1956).

Stärke und Stärkeerzeugnisse im Außenhandel wichtiger Europagebiete 1954. Stein, E. Stärke 7. 242-45 (1955).

Stärke und Stärkeerzeugnisse im Außenhandel wichtiger Europagebiete. 1953. Stein, E. Stärke 6. 248-52 (1954).

Stärke, Dextrin und Stärkegummi im schweizerischen Außenhandel. Stein, E. Stärke 5. 91-93 (1953).

Stärke und Stärkeerzeugnisse im Außenhandel der wichtigsten europäischen Staaten. Stein, E. Stärke 5. 10-12 (1953).

Der Stärkeexport der Niederlande. Stärke 3. 259-60 (1951).

Stärke und Stärkeprodukte im Außenhandel Großbritanniens. Stärke 3. 258-59 (1951).

Stärke, Dextrin und Stärkegummi im schweizerischen Außenhandel. Stärke 3. 245-47 (1951).

Stärke und Stärkederivate in der tschechoslowakischen Außenhandels-Statistik des Jahres 1933. Z.Spiritusind. 57. 324 (1934).

Polens Ausfuhr von Kartoffelerzeugnissen im Rechnungsjahre 1931/32. Z.Spiritusind. 55. 202 (1932).

Der Rückgang der Stärkeimporte in Österreich. Z.Spiritusind. 55. 174 (1932).

Ausfuhr von Kartoffeln und Stärke aus der Tschechoslowakei 1931. Z.Spiritusind. 55. 68 (1932).

Polens Ausfuhr von Kartoffelfabrikaten im Betriebsjahre 1930/31. Z.Spiritusind. 54. 243 (1931).

Ausfuhr von Kartoffeln und Kartoffelmehl aus den Niederlanden 1929. Z.Spiritusind. 53. 87 (1930).

Ein- und Ausfuhr von Stärke, Dextrin usw. der Schweiz im Jahre 1910. Z.Spiritusind. 34. 515 (1911).

Österreich-Ungarns Ein- und Ausfuhr von Spirituosen, Stärke, Preßhefe und Essig im Jahre 1910. Z.Spiritusind. 34. 168 (1911).

Österreich-Ungarns Ein- und Ausfuhr von Spirituosen, Stärke, Preßhefe und Essig in der ersten Hälfte des Jahres 1909. Z.Spiritusind. 32. 426 (1909).

Portugals Ein- und Ausfuhr von Branntwein, Stärke und Stärkefabrikaten im Jahre 1905. Z.Spiritusind. 31. 107 (1908).

Russlands Ein- und Ausfuhr von Kartoffelmehl, Stärke und Dextrin im Jahre 1906. Z.Spiritusind. 30. 546 (1907).

Belgiens Ein- und Ausfuhr von Stärke usw. und Branntwein im Jahre 1906. Z.Spiritusind. 30. 524 (1907).

Die Einfuhr von Stärke und Stärkefabrikaten in Großbritannien und Irland im Jahre 1906. Z.Spiritusind. 30. 451 (1907).

Österreich-Ungarns Ein- und Ausfuhr von Spirituosen, Stärke, Preßhefe und Essig in der ersten Hälfte des Jahres 1907. Z.Spiritusind. 30. 407 (1907).

Italiens Einfuhr von Satzmehl und Stärke im Jahre 1905. Z.Spiritusind. 30. 395 (1907).

Bulgariens Ein- und Ausfuhr von Satzmehl und Stärke im Jahre 1905. Z.Spiritusind. 30. 236 (1907).

Schwedens Stärke-Einfuhr im Jahre 1905. Z.Spiritusind. 30. 213 (1907).

Österreich-Ungarns Ein- und Ausfuhr von Stärke und Stärkemehl aus bzw. nach den verschiedenen Ländern in der Zeit vom 1. März bis 31. Dezember 1906. Z.Spiritusind. 30. 189-90 (1907).

Ein- und Ausfuhr von Spirituosen, Preßhefe, Stärke und Stärkefabrikaten in der Schweiz im Jahre 1905. Z.Spiritusind. 30. 157 (1907).

Verkehr in Kartoffelmehl und -Stärke sowie Spiritus im Kopenhagener Freihafen im Jahre 1906. Z.Spiritusind. 30. 514 (1907).

Die Einfuhr von Stärke und Stärkefabrikaten in Großbritannien und Irland im Jahre 1905. Z.Spiritusind. 30. 92 (1907).

Russlands Ein- und Ausfuhr von Kartoffelmehl, Stärke und Dextrin im Jahre 1904. Z.Spiritusind. 30. 31 (1907).

Österreich-Ungarns Ein- und Ausfuhr von Spirituosen, Stärke, Preßhefe und Essig vom 1.März bis 30.Juni 1906. Z.Spiritusind. 29. 387 (1906).

Hollands Außenhandel in Stärke und Stärkefabrikaten im Jahre 1904. Behrend, W. Z.Spiritusind. 29. 372 (1906).

Englands Außenhandel in Stärke und Stärkefabrikaten. Behrend, W. Z.Spiritusind. 29. 201, 210 (1906).

Ein- und Ausfuhr von Spirituosen, Preßhefe, Stärke und Stärkefabrikaten in der Schweiz im Jahre 1904. Z.Spiritusind. 29. 146 (1906).

Belgiens Ein- und Ausfuhr von Stärke usw. und Branntwein im Jahre 1904. Z.Spiritusind. 29. 106 (1906).

Die Einfuhr von Stärke und Stärkefabrikaten in Großbritannien und Irland im Jahre 1904. Z.Spiritusind. 29. 59 (1906).

Ein- und Ausfuhr von Spirituosen, Preßhefe, Stärke und Stärkefabrikaten in der Schweiz im Jahre 1903. Z.Spiritusind. 28. 114 (1905).

Österreich-Ungarns Ein- und Ausfuhr von Spirituosen, Stärke, Preßhefe und Essig im ersten Vierteljahre 1904. Z.Spiritusind. 27. 245 (1904).

Österreich-Ungarns Ein- und Ausfuhr von Dextrin im Jahre 1903. Z. Spiritusind. 27. 91 (1904).

Österreich-Ungarns Ein- und Ausfuhr von Spirituosen, Stärke, Preßhefe und Essig im Jahre 1903. Z.Spiritusind. 27 51 (1904).

Österreich-Ungarns Ein- und Ausfuhr von Spirituosen, Stärke, Preßhefe und Essig in den ersten drei Vierteljahren 1902. Z.Spiritusind. 25. 494 (1902).

Österreich-Ungarns Ein- und Ausfuhr von Spirituosen, Stärke, Preßhefe und Essig im ersten Halbjahre 1902. Z.Spiritusind. 25. 352 (1902).

Österreich-Ungarns Ein- und Ausfuhr von Spirituosen, Stärke, Preßhefe und Essig im ersten Vierteljahre 1902. Z.Spiritusind. 25. 222 (1902).

Österreich-Ungarns Ein- und Ausfuhr von Spirituosen, Stärke, Preßhefe und Essig im Jahre 1901. Z.Spiritusind. 25. 179 (1902).

053. Stärke im Handel überseeischer Staaten

Stärke und Stärkeerzeugnisse im USA-Export. Stein, E. Stärke 16. 398-401 (1964).

Der USA-Export von Stärke und Stärkeerzeugnissen. Stein, E. Stärke 16. 29-32 (1964).

Der USA-Export von Stärke und Stärkeerzeugnissen. Stein, E. Stärke 15. 153-57 (1963).

Der USA-Export von Stärke und Stärkeerzeugnissen. Stein, E. Stärke 13. 450-54 (1961).

Der USA-Export von Stärke und Stärkeerzeugnissen. Stein, E. Stärke 13. 87-90 (1961).

Der USA-Export von Stärke und Stärkeerzeugnissen. Stein, E. Stärke 12. 85-88 (1960).

Der USA-Export von Stärke und Stärkeerzeugnissen. Stein, E. Stärke 11. 43-45 (1959).

Der USA-Export von Stärke und Stärkeerzeugnissen. Stein, E. Stärke 9. 10-13 (1957).

Der USA-Export von Stärke und Stärkeerzeugnissen. Stein, E. Stärke 7. 261-62 (1955).

Ausfuhr von Stärke und Stärkeerzeugnissen aus den USA 1953. Stein, E. Stärke 6. 252-54 (1954).

Verbrauch von Stärke und Kartoffelmehl in den USA. Treadway, R.H. Amer.Potato J. 29. 79-84 (1952).

Weizenindustrie als führender Stärkefabrikant. (Australien, Handelsübersicht). Hönsch, W. Stärke 4. 225 (1952).

Stärkeindustrie und -einfuhr in den Vereinigten Staaten. Z.Spiritusind. 55. 109 (1932).

Ausfuhr von Stärke und Glykose aus den Vereinigten Staaten von Amerika im Fiskaljahre 1908/09. Z.Spiritusind. 32. 410 (1909).

Einfuhr von Stärke, Stärkemehl und Glucose im Australischen Bund im Jahre 1906. Z.Spiritusind. 31. 465 (1908).

Persiens Ein- und Ausfuhr von Branntwein und Stärke im Fiskaljahre 1905/06. Z.Spiritusind. 30. 372 (1907).

Die Einfuhr von Stärke in Kuba im Fiskaljahre 1904/05. Z.Spiritusind. 30. 259 (1907).

Argentiniens Einfuhr von Branntwein, Stärke und Dextrin im Jahre 1905 und im Jahrfünft 1901/05. Z.Spiritusind. 30. 175 (1907).

Stärke-Einfuhr auf den Philippinen im Jahre 1905. Z.Spiritusind. 30. 114 (1907).

Ausfuhr von Stärke und Glykose aus den Vereinigten Staaten von Amerika im Fiskaljahre 1906/07. Z.Spiritusind. 30. 407 (1907).

Einfuhr von Spirituosen, Stärke und Stärkezucker auf den Kanarischen Inseln im Jahre 1905. Z.Spiritusind. 29. 407 (1906).

054. Stärkezucker-Erzeugung und -Verkehr in Deutschland

(Vgl. auch "Stärke im In- und Außenhandel Deutschlands": 051)

Karamelzucker, Dextrose und Stärkesirup im Außenhandel der Bundesrepublik. Stein, E. Stärke 12. 185-87 (1960). - Ref. J.Chem. (russ.) 1961, 9 N343.

Stärkezuckererzeugung und -verkehr im Dezember 1938, Februar, März, April, Mai, Juni und Juli 1939 und seit Beginn des Betriebsjahres (1.Oktober 1938). Z.Spiritusind. 62. 35, 116, 155, 171, 198, 229 u. 267 (1939).

Stärkezuckererzeugung und -verkehr im Oktober 1934 und seit Beginn des Betriebsjahres (1.September 1934). Z.Spiritusind. 57. 307 (1934).

Stärkezuckererzeugung und -verkehr im September 1934. Z.Spiritusind. 57. 267 (1934).

Stärkezuckererzeugung und -verkehr im August 1934 und im Betriebsjahr 1933/34. Z.Spiritusind. 57. 239 (1934).

Stärkezuckererzeugung und -verkehr im Oktober 1933, Januar, Februar, März, April, Mai, Juni und Juli 1934 und seit Beginn des Betriebsjahrs (1. September 1933). Z.Spiritusind. 56. 263 (1933), 57. 51, 74, 99, 123, 153, 176 u. 204 (1934).

Stärkezuckererzeugung und -verkehr im September 1933. Z.Spiritusind. 56. 233 (1933).

Stärkezuckererzeugung und -verkehr im August 1933 und im Betriebsjahre 1932/33. Z.Spiritusind. 56. 206-07 (1933).

Stärkezuckererzeugung und -verkehr im Oktober, November und Dezember 1932, Januar, Februar, März, April, Mai, Juni, Juli 1933 und seit Beginn des Betriebsjahres (1.September 1932). Z.Spiritusind. 55. 254, 277 (1932), 56. 15, 42, 68, 89, 112, 128, 154 u. 179 (1933).

Stärkezuckererzeugung und -verkehr im September 1932. Z.Spiritusind. 55. 232 (1932).

Stärkezuckererzeugung und -verkehr im August 1932 und im ganzen Betriebsjahre 1931/32. Z.Spiritusind. 55. 208 (1932).

Stärkezuckererzeugung und -verkehr im Oktober, November und Dezember 1931, Januar, April, Mai, Juni und Juli 1932 und seit Beginn des Betriebsjahres (1. September 1931). Z.Spiritusind. 54. 297, 326 (1931), 55. 21, 45, 118, 136, 158 und 179 (1932).

Stärkezuckererzeugung und -verkehr im September 1931. Z.Spiritusind. 54. 274 (1931).

Stärkezuckererzeugung und -verkehr im August 1931 und im Betriebsjahre 1930/31 (1.September 1930 bis 31. August 1931). Z.Spiritusind. 54. 250 (1931).

Stärkezuckererzeugung und -verkehr im November und Dezember 1930, Januar, Februar, März, April, Mai, Juni und Juli 1931 und seit Beginn des Betriebsjahres (1.September 193o). Z.Spiritusind. 54. 2, 31, 58, 84, 108, 144, 164, 193 u. 223 (1931).

Stärkezuckererzeugung und -verkehr im September 1930. Z.Spiritusind. 53. 289 (1930).

Stärkezuckererzeugung und -verkehr im August 1930 und im Betriebsjahre 1929/30. Z.Spiritusind. 53. 260 (1930).

Stärkezuckererzeugung und -verkehr im Oktober und Dezember 1929, Januar, April, Mai, Juni und Juli 1930 und seit Beginn des Betriebsjahres (1. September 1929). Z.Spiritusind. 52. 359 (1929), 53. 28, 57, 142, 174, 201 u. 230 (1930).

Stärkezuckererzeugung und -verkehr im August 1929 und im Betriebsjahre 1928/29. Z.Spiritusind. 52. 298)1929).

055

Stärkezuckererzeugung und -verkehr im Oktober und November 1928,Februar, März, April, Mai, Juni und Juli 1929 und seit Beginn des laufenden Betriebsjahres (1.September 1928). Z.Spiritusind. 51. 347 (1928), 52. 3, 110, 140, 179, 207, 243 u. 262 (1929).

Stärkezuckererzeugung und -verkehr im September 1928. Z.Spiritusind. 51. 318 (1928).

Stärkezuckererzeugung und -verkehr im August 1928 und im Betriebsjahre 1927/28 (1.September 1927 bis 31. August 1928). Z.Spiritusind. 51. 275 (1928).

Stärkezuckererzeugung und -verkehr im Oktober, November und Dezember 1927, Februar, April, Mai und Juli 1928 und seit Beginn des laufenden Betriebsjahres (1.September 1927). Z.Spiritusind. 50. 344 (1927), 51. 3, 24, 96, 160, 189 u. 242 (1928).

Stärkezuckererzeugung und -verkehr im August 1927 und im Betriebsjahre 1926/27 (1.September 1926 bis 31. August 1927). Z.Spiritusind. 50. 278 (1927).

Stärkezuckererzeugung und -verkehr im Oktober und November 1926 und im Januar, Februar, März, April, Mai, Juni und Juli und seit Beginn des laufenden Betriebsjahres (1.September 1926). Z.Spiritusind. 49. 338, 372, (1926), 50. 62, 98, 121-122, 158, 184, 209 u. 240 (1927).

Stärkezuckererzeugung und -verkehr im September 1926. Z.Spiritusind. 49. 309 (1926).

Stärkezuckererzeugung und -verkehr im Februar, April, Mai, Juni, Juli und August 1926 und seit Beginn des laufenden Betriebsjahres (1.September 1925). Z.Spiritusind. 49. 87, 150, 191, 223, 251 und 279-280 (1926).

Stärkezucker-Gewinnung und -Handel im deutschen Zollgebiet während des Betriebsjahres 1918/19. Hennig Z.Spiritusind. 43. 280 (1920).

Stärkezucker-Gewinnung und -Handel im deutschen Zollgebiet während des Betriebsjahres 1909/10. Z.Spiritusind. 34. 5-6 (1911).

Stärkezucker-Gewinnung und -Handel im deutschen Zollgebiet während des Betriebsjahres 1907/08. Student, M. Z.Spiritusind. 32. 3 (1909).

Stärkezucker-Gewinnung und -Handel im deutschen Zollgebiet während des Betriebsjahres 1904/05. Student, M. Z.Spiritusind. 28. 458 (1905).

Stärkezucker-Gewinnung und -Handel im deutschen Zollgebiet während des Betriebsjahres 1902/03. Student, M. Z.Spiritusind. 27. 1-2 (1904).

Stärkezucker-Gewinnung und -Handel im deutschen Zollgebiet während des Betriebsjahres 1900/01. Student, M. Z.Spiritusind. 25. 11 (1902).

055. Stärkezucker im Handel verschiedener Staaten (außer Deutschland)

Steigender Verbrauch von Stärkezucker in USA. Weiss, H. Stärke 3. 284 (1951).

Außenhandel in Stärkezucker (Sirup) der Tschechoslowakei im Jahre 1930. Z.Spiritusind. 54. 224 (1931).

Die Ausfuhr von Stärke- und Traubenzucker aus den Vereinigten Staaten von Amerika im Fiskaljahre 1910/11. Z.Spiritusind. 34. 515 (1911).

Gewinnung, Verbrauch und Ausfuhr von Stärkezucker in Frankreich im Jahrzehnt 1899/1900 bis 1908/1909. Z.Spiritusind. 32. 523 (1909).

Frankreichs Erzeugung, Verbrauch und Ausfuhr von Stärkezucker im Betriebsjahre 1906/07. Z.Spiritusind. 30. 457 (1907).

Frankreichs Erzeugung, Verbrauch und Ausfuhr von Stärkezucker im Betriebsjahre 1905/06. Z.Spiritusind. 29. 423 (1906).

Frankreichs Erzeugung, Verbrauch und Ausfuhr von Stärkezucker im Betriebsjahre 1903/04. Z.Spiritusind. 27. 423 (1904).

Frankreichs Erzeugung, Verbrauch und Ausfuhr von Stärkezucker in den letzten fünfzehn Betriebsjahren (1887/88-1901/02). Z.Spiritusind. 25. 473 (1902)

056. Steuern und Zölle

Die Ausgleichsabgaben für Dextrine, lösliche oder geröstete Stärke in Theorie und Praxis. Fabricius, D. Adhäsion 9. 104-10 (1965). - Ref. J.Chem.(russ.) 1965. 18 R317.

Die Zollsätze für Rohstoffe und Erzeugnisse der Stärkeindustrie nach dem Deutschen Zolltarif 1962 (Nachtrag). Schulz, K. und Englert, W. Stärke 14. 139-40 (1962).

Die Zollsätze für Rohstoffe und Erzeugnisse der Stärkeindustrie nach dem Deutschen Zolltarif 1962. Schulz, K. und Englert, W. Stärke 14. 22-27 (1962).

Die finanzielle und betriebswirtschaftliche Lage der Stärkehersteller - Erkenntnisse aus 19 Steuerbilanzen der Branche. Friedemann, H. Ernährungswirtschaft 9. 646-48 (1962).

Die Zollsätze für Rohstoffe und Erzeugnisse der Stärkeindustrie nach dem Deutschen Zolltarif 1961. Schulz, K. und Englert, W. Stärke 13. 47-53 (1961).

Neue Zollsätze für Rohstoffe und Erzeugnisse der Stärkeindustrie. Schulz, K. und Englert, W. Stärke 12. 274-75 (1960).

Die EWG-Außenzölle für Waren der Stärkeindustrie. Schulz, K. und Englert, W. Stärke 12. 115-120 (1960).

Was bringt der Deutsche Zolltarif 1959 Neues für die Rohstoffe und Fertigerzeugnisse der Stärkeindustrie. Schulz, K. und Englert, W. Stärke 11. 12-19 (1959).

Rohstoffe und Fertigerzeugnisse (einschließlich Nebenerzeugnisse) der Stärkeindustrie nach dem Zolltarif 1958. Schulz, Kurt und Englert, W. Stärke 10. 52-62 (1958).

Beitrag zur Frage der zollfreien Einfuhr von Kartoffelmehl. Z.Spiritusind. 50. 24 (1927).

Ein weiterer Beitrag zur Frage der zollfreien Einfuhr von Kartoffelstärkemehl. Z.Spiritusind. 50. 48 (1927).

Zollamtliche Beurteilung von Roggen- und Weizenkleie auf Grund des Reinstärkegehaltes. Woy, R. Z.öffentl. Chem. 17. 101-109 (1911). - Ref. C. 1911. I. 1447, W.Ref. 2094.

Mitteilungen über den Einfuhrzoll auf Stärke in den Vereinigten Staaten von Amerika. Z.Spiritusind. 32. 293 (1909).

Die Petition der Rübenzuckerfabrikanten betreffend die Besteuerung des Stärkezuckers. Z.Spiritusind. 27. 218 (1904).

06. Gesetzliche Bestimmungen

060. Allgemeine Bestimmungen
061. Standardisierungsfragen
062. Standards verschiedener Staaten

060. Allgemeine Bestimmungen

(Stärke, Stärkesirup, Stärkezucker. Bewirtschaftung, Geschäftsbedingungen, Richtlinien, Lebensmittelrecht, Wasserrecht)

Über die Zulässigkeit des Hinweises auf Traubenzucker bei Lebensmitteln. Graefe, G. Ernährungswirtschaft 13. 122-126 (1966).

Über die Zulässigkeit des Hinweises auf Traubenzucker bei Lebensmitteln, Graefe, G. Stärke 18. 155-157 (1966).

Glucosesirup, ein modernes Lebensmittel und seine Beurteilung im internationalen Lebensmittelrecht. Graefe, G. Stärke 17. 115-120 (1965).

Gesundheitliche und lebensmittelrechtliche Beurteilung von modifizierten Stärken. Graefe, G. Stärke 16. 158-63 (1964). - Ref. C.A. (B.) 61. 6265 g (1964), -Ref. J.Chem.(russ.) 1965, 11 R356.

Richtlinien für Stärke und Stärkeerzeugnisse. Schriftenreihe des Bundes für Lebensmittelrecht und Lebensmittelkunde, Heft 45. B. Behr's Verlag GmbH., Hamburg-Berlin-Düsseldorf 1963.

Zur lebensmittelrechtlichen Beurteilung der Süßwaren in Australien. Mollenhauer, H.P. Süßwaren 4. 237-39, 283-84, 338-39 (1960).

Die Lebensmittelgesetznovelle; ihre Bedeutung für die Stärkeindustrie. Weiss, H. Stärke 11. 119-21 (1959).

Einführung in die Richtlinien bei der Anwendung von Rohstoffen bei der Verarbeitung von Kartoffeln zu Stärkegewinnung. Brzyski, W. Lebensmittel-Ind.(poln.) 10. 148-51 (1956).

Zur lebensmittelrechtlichen Stellung des Stärkesirups. Graefe, G. Zucker- u. Süßwaren-Wirtsch. 6. 456-57, 521-22 (1953).

Anordnung der Hauptvereinigung der deutschen Kartoffelwirtschaft betr. Verkehr mit Kartoffelstärkemehl für die Beimischung zu Mahlerzeugnissen aus Weizen. Z.Spiritusind. 63. 265 (1940).

Anordnung der Hauptvereinigung der deutschen Kartoffelwirtschaft. Betr. Verkehr mit Kartoffelstärkemehl für die Beimischung zu Mahlerzeugnissen aus Roggen. Z.Spiritusind. 62. 237 (1939).

Verordnung über die öffentliche Bewirtschaftung von Kartoffeln und Kartoffelerzeugnissen. Z.Spiritusind. 62. 287 (1939).

Anordnung der HV der deutschen Kartoffelwirtschaft betr. Bestimmungen über die Bewirtschaftung von Kartoffeln, Kartoffelerzeugnissen, Stärke und Stärkeveredlungserzeugnissen. Z.Spiritusind. 62. 297 (1939).

Anordnung der Hauptvereinigung der deutschen Getreide- und Futtermittelwirtschaft. Betr.: Beimischung von Kartoffelstärkemehl zum Roggenmehl. Z.Spiritusind. 62. 347 (1939).

Anordnung Nr. 29 der Wirtschaftlichen Vereinigung der deutschen Süßwarenwirtschaft. Betr.: Bezug und Verarbeitung von Stärkesirup, Traubenzucker und Stärkezucker aller Art. Verkündungsbl. Reichsnährstandes 1936. 548.

Anordnung Nr. 22 der Wirtschaftlichen Vereinigung der deutschen Süßwarenwirtschaft. Betr.: Bezug und Verarbeitung von Glukose und Stärkezucker aller Art. Verkündungsbl. Reichsnährstandes 1936. 315-16.

Anordnung Nr. 33 der Hauptvereinigung der deutschen Kartoffelwirtschaft. Betr.: Geschäftsbedingungen für Trockenkartoffelstärke und Kartoffelstärkemehl, Kartoffelsago, Stärkesirup und Stärkezucker sowie Dextrin. Anlage 4. Geschäftsbedingungen für Dextrin. Verkündungsbl. Reichsnährstandes 1935. 605-06.

Anordnung Nr. 33 der Hauptvereinigung der deutschen Kartoffelwirtschaft. Betr.: Geschäftsbedingungen für Trockenkartoffelstärke und Kartoffelstärkemehl, Kartoffelsago, Stärkesirup und Stärkezucker sowie Dextrin. Anlage 3. Geschäftsbedingungen für Stärkesirup und Stärkezucker. Verkündungsbl. Reichsnährstandes 1935. 604-05.

Anordnung Nr. 33 der Hauptvereinigung der deutschen Kartoffelwirtschaft. Betr.: Geschäftsbedingungen für Trockenkartoffelstärke und Kartoffelstärkemehl, Kartoffelsago, Stärkesirup und Stärkezucker sowie Dextrin. Anlage 2. Geschäftsbedingungen für Kartoffelsago (Deutscher Sago, Sago). Verkündungsbl. Reichsnährstandes 1935. 603-04.

Anordnung Nr. 33 der Hauptvereinigung der deutschen Kartoffelwirtschaft. Betr.: Geschäftsbedingungen für Trockenkartoffelstärke und Kartoffelstärkemehl, Kartoffelsago, Stärkesirup und Stärkesirup und Stärkezucker sowie Dextrin. Anlage 1. Geschäftsbedingungen für Trockenkartoffelstärkemehl. Verkündungsbl. Reichsnährstandes 1935. 602-03.

Anordnung Nr. 27 der Hauptvereinigung der deutschen Kartoffelwirtschaft. Betr.: Regelung des Arbeitsumfanges der Kartoffelstärkemehl herstellenden Betriebe. Verkündungsbl. Reichsnährstandes 1935. 573-74.

Verordnung über den Zusammenschluß von Stärke-Industrien. Z.Spiritusind. 57. 110 (1934).

Gesetz über Verwendung von Kartoffelstärkemehl und Magermilch. Z. Spiritusind. 56. 200-01 (1933).

Verordnung über Einlagerung von Kartoffelflocken und Kartoffelstärkemehl durch die Deutsche Getreide-Handels-Gesellschaft. Z.Spiritusind. 55. 187 (1932).

Dritte Verordnung über Festsetzung des Satzes für die Verwendung von Kartoffelstärkemehl. Z.Spiritusind. 55. 223-24 (1932).

Zweite Verordnung über Festsetzung des Satzes für die Verwendung von Kartoffelstärkemehl. Z.Spiritusind. 55. 81-82 (1932).

Verordnung über Festsetzung des Satzes für die Verwendung von Kartoffelstärkemehl. Z.Spiritusind. 54. 262-63 (1931).

Die Bestimmungen über den Zusatz von Kartoffelstärkemehl zum Weizenmehl. Z.Spiritusind. 54. 262 (1931).

Um die Durchführung des Kartoffelstärkemehl-Beimischungszwanges. Z.Spiritusind. 54. 234 (1931).

Für den Zwang zur Beimischung von Kartoffelstärkemehl zu Weizenmehl. Z.Spiritusind. 54. 228 (1931).

Mitteilungen des Forschungsinstituts für Stärkefabrikation und Kartoffeltrocknung. Eintragung des Wasserrechts. Z.Spiritusind. 52. 25 (1929).

Das Preussische Wassergesetz und die Spiritus-, Stärke- und Trocknungsindustrie. Rodemann, C.W. Z.Spiritusind. 51. 155 (1928).

Stärke, Verpackung, Abnahmebestimmungen. Rat für Arbeit u. Verteidigung, Komitee für Standardisierung, (russ.) Moskau 1928. 7 S. - Ref. C. 1928. II. 501.

Ein Gesuch um Befürwortung einer gleichmäßigen Behandlung von Stärkezucker und Rübenzucker bezüglich ihrer Verwendung zur Herstellung von Nahrungsmitteln. Z.Spiritusind. 29. 273 (1906).

Die Petition des Vereins der Stärke-Interessenten in Deutschland betreffend die Ablehnung eines Verbotes der Verwendung von Stärkefabrikaten in der Bierbrauerei. Z.Spiritusind. 29. 84-85 (1906).

Petition der Kartoffelstärke produzierenden Landwirte, sowie der Stärke- und Stärkezuckerfabrikanten betreffend Ablehnung des beantragten gesetzlichen Verbots der Malzsurrogate bei der Bierbereitung. Z.Spiritusind. 28. 92 (1905).

Über den Deklarationszwang für mit Stärkesirup hergestellten Marmeladen. Parow, E. Z.Spiritusind. 28. 190-91 (1905).

Zur Frage der unbeschränkten Zulässigkeit des Stärkesirups für die Bereitung von Nahrungsmitteln. König, J. Z.Unters.Nahrungs-Genußmittel 3. 217-21 (1900). - Ref. C. 1900. I. 1174.

Das neue Weingesetz und die Stärkezuckerindustrie. Saare, O. Z. Spiritusind. 15. 111-12 (1892).

061. Standardisierungsfragen

(Internationale Standardisierung, "ICUMSA", "ISO", analytische Untersuchungsmethoden. Vgl. auch "Standards verschiedener Staaten": 062)

Voraussetzungen für die Standardisierung von Stärkebestimmungsmethoden. Winkler, S. Stärke 17. 126-129 (1965).

Zur Standardisierung der Stärkebestimmung in Mühlennachprodukten. Thomas, B. Stärke 17. 120-126 (1965).

Musternahme bei Getreide, Getreideprodukten, Stärkeprodukten und Kartoffelmehl. Standardisierung getreideverarb.Ind., Beil. zu Getreidemühle 1962. Nr.9. 10-17.

Über die Beziehungen zwischen GOST und Standards der Lebensmittelindustrie. Wedler, C. Lebensmittel-Ind. 9. 237-38 (1962).

Die internationale Standardisierung auf dem Gebiet der Stärkeanalytik. Ulmann, M. Getreidemühle 5. Nr.6. Beil; Standardisier. getreideverarb.Ind. Nr. 3. 11-14 (1961). - Ref. C. 1962. 13978.

Zur Frage der Standardisierung der Trockensubstanz-Bestimmung in Stärkehydrolysenprodukten. Graefe, G. Stärke 13. 400-04 (1961). - Ref. C. 1962. 13233, C.A. 56. 8982 g (1962), Ref. J.Chem. (russ.) 1962. 12 N320.

XII. Sitzung der Internationalen Kommission für Einheitliche Methoden der Zuckeranalyse (ICUMSA) in Washington 1958. Zucker 13. 153-56 (1960).

Musternahme bei Getreide, Getreideprodukten, Stärkeprodukten und Kartoffelmehl. Jelier, I.G. Standardisierung in der getreideverarbeitenden Ind. 1960. 14-16, Beilage zur Z.Getreidemühle. - Ref. Stärke 13. 275 (1961).

Internationale Standardisierung der Analysenmethoden für Stärke und Stärkesirup. Schierbaum, F. Standardisierung 6. 1/273-75 (1960). - Ref. C. 1962. 4755, Ref. J.Chem.(russ.) 1960, 90300.

Gleichmäßige Qualität durch TGL. Kartoffelstärkemehl. Bäcker u. Konditor 13. Nr. 12. 22 (1959).

Normung auf dem Gebiet der Stärke. Kastorff, O. Din-Mitteilungen 38. 457-59 (1959).

Internationale Normung auf dem Gebiete der Stärke. Kastorff, O. Stärke 11. 126-30 (1959). - Ref. J.Chem.(russ.) 1960. 6791.

Gründung eines Fachnormenausschusses Stärke im Deutschen Normenausschuß (DNA). Kempf, W. Stärke 11. 103-06 (1959).

Bericht über die Sitzung der Internationalen Standardisierungs-Gesellschaft auf dem Stärkegebiet in Detmold 1958. Kempf, W. Stärke 11. 45-52 (1959).

Bericht über die Sitzung der Internationalen Standardisierungs-Gesellschaft auf dem Stärkegebiet in Detmold. Kempf, W. Stärke 9. 153-56 (1957).

Zur Standardisierung der Analysenmethoden auf dem Stärkegebiet. Borud, O.J. Stärke 8. 143-46 (1956) - Ref. C. 1958. 1162.

Bericht über die Sitzung der Internationalen Standardisierungs-Kommission auf dem Stärkegebiet in Detmold. Kempf, W. Stärke 8. 127-28 (1956).

Bericht über die Diskussionstagung zur Vereinheitlichung der Untersuchungsmethoden auf dem Stärkegebiet. Lillehammer/Norwegen. Lindemann, E. Stärke 7. 292-93 (1955).

Die internationale Kommission für einheitliche Methoden der Zuckeruntersuchung (ICUMSA) Fachausschuss Stärkehydrolysenprodukte im Deutschen Nationalkomitee. Heyns, K. Stärke 7. 277-79 (1955).

Stärke- und Zuckerarten im DAB. 7. Kuhnert, G. und Kress, R. Pharmaz.Zentralhalle Deutschland 92. 45-47 (1953).

Stärke- und Zuckerarten im DAB. 7. Kuhnert, G. und Kress, R. Pharmazie 7. 816-21 (1952). - Ref. C. 1953. 5221, Stärke 5. 303 (1953).

Bericht über die Sitzung zur Verbesserung und Standardisierung der Untersuchungsmethoden auf dem Gebiete Getreide, Mehl und Brot. Getreide, Mehl Brot 1. 49-57 (1947). - Ref. C. 1948.I. 1460.

Standardisierung der Analysenverfahren für Stärke, Stärkemehl und Stärkezucker. Bestimmung der Viscosität. Vlasblom, M. und Linge, R.A. van VI Congr.int.techn.chim.Ind.agric., Budapest, C.R. 1. 123-31. (1939) - Ref. C. 1940. I. 1763.

Zur Frage der Standardisierung der Methoden der Analyse für Stärke. Kröner, W. VI.Congr.int.techn.chim.Ind.agric. Budapest, C.R. 1. 132-33. (1939) - Ref. C. 1940. I. 1763.

In Vorschlag gebrachte offizielle Prüfungsmethoden. Paper Trade J. 90. Nr. 1. 48-50. - Ref. C. 1930. I. 2032.

Normen für den Handel mit feuchter Stärke. Z.Spiritusind. 29. 237 (1906).

062. Standards verschiedener Staaten

(Bundesrepublik Deutschland, Deutsche Demokratische Republik, Indien, Jugoslavien, Niederlande, Polen, Rumänien, Tschechoslowakei, UdSSR, Ungarn, USA. Vgl. auch "Standardisierungsfragen": 061)

Bestimmung von Rohprotein in Stärke. Bundesrepublik Deutschland, Deutscher Normenausschuß DIN Entwurf 10303 Dezember 1962. Stärke 15. 75-77 (1963).

Bestimmung des Feuchtigkeitsgehaltes von Stärke. Bundesrepublik Deutschland, Deutscher Normenausschuß DIN Entwurf 10302 November 1962. Stärke 15. 70-74 (1963).

Stärkebestimmung, Polarimetrisches Verfahren nach E.Ewers. Bundesrepublik Deutschland, Deutscher Normenausschuß DIN Entwurf 10300 Februar 1963. Stärke 15. 68-69 (1963).

Stärkebestimmung nach der Standard-Methode A-20. Bundesrepublik Deutschland, Deutscher Normenausschuß DIN Entwurf 10299, Februar 1963. Stärke 15. 66-67 (1963).

Einheitliche Analysenmethoden für Stärke und Stärkehydrolysenprodukte. IKUMSA-Methoden. Heyns, K. Stärke 11. 68-74, 215-233, 251-271 (1959) - Ref. C.A. 53. 13635c (1959), C.A. 54. 5138 (1960), Ref. J.Chem.(russ.) 1959. 83758, 1960. 59048.

Stärke und Stärkeerzeugnisse Probenahme und Prüfverfahren. Deutsche Demokratische Republik TGL 7460 März 1966.

Stärkehydrolysate. Stärkesirup, Trockenstärkesirup und Glucose (Dextrose). Gütevorschriften. Deutsche Demokratische Republik TGL 6218 November 1965

Stärke. Deutsche Demokratische Republik TGL 3069 November 1965.

Kartoffelstärkedextrin. Deutsche Demokratische Republik TGL 7042 November 1965.

Kartoffelstärkepuder. Deutsche Demokratische Republik TGL 3069 Mai 1961.

Traubenzucker (Glukose, Dextrose).Deutsche Demokratische Republik TGL 10191 Mai 1961.

Kartoffeln (Solanum tuberosum L.) Fabrikkartoffeln. Deutsche Demokratische Republik TGL 8658 April 1961.

Stärke Probenahme und Prüfverfahren. Deutsche Demokratische Republik TGL 7460 Oktober 1960.

Weizensüßkleber. Deutsche Demokratische Republik TGL 8246 September 1960.

Reisspeisemehl. Deutsche Demokratische Republik TGL 7768 April 1960.

Kartoffelstärkedextrin. Deutsche Demokratische Republik TGL 7042 März 1960.

Maisstärkepuder. Deutsche Demokratische Republik TGL 7039 März 1960.

Kartoffelsago. Deutsche Demokratische Republik TGL 7041 März 1960.

Weizenstärkepuder. Deutsche Demokratische Republik TGL 7040 März 1960.

Stärkeerzeugnisse Trockenstärkesirup. Deutsche Demokratische Republik TGL 6219 Januar 1960.

Stärkeerzeugnisse Stärkesirup. Deutsche Demokratische Republik TGL 6218 Januar 1960.

Getreide. Industriemais (Zea mays L.). Deutsche Demokratische Republik TGL 6577 Mai 1959.

Stärkeerzeugnisse. Soßenpulver. Deutsche Demokratische Republik TGL 3201 1956.

Maisstärke. Indien, Standard IS 1005- 1957.

Textil-Maisstärke. Indien, Standard IS 1184 - 1957.

Arrowroot-Stärke, Pfeilwurz-Stärke. Indien, Standard IS 1006 - 1957.

Sago. Indien, Standard IS 899 - 1956.

Dextrose-Monohydrat. Indien, Standard IS 874 - 1956.

Glucose flüssig. Indien, Standard IS 873 - 1956.

Tapiocastärke. Indien, Standard Doc: AFDC 10 (50).

Gluten aus Weizenmehl. Jugoslawischer Standard, Bundeskommission für Standardisierung. JUS / E.L3.040/ 1958.

Buchbinder-Stärke. Jugoslawischer Standard, Bundeskommission für Standardisierung. JUS / H.Kl.040 / 1958.

Dextrin aus Maisstärke. Jugoslawischer Standard, Bundeskommission für Standardisierung. JUS / E.L2.051 / 1958.

Dextrin aus Kartoffelstärke. Jugoslawischer Standard, Bundeskommission für Standardisierung. JUS / E.L2.050 / 1958.

Kartoffelstärke. Jugoslawischer Standard, Bundeskommission für Standardisierung. JUS / E.L2.020 / 1958.

Weizenstärke. Jugoslawischer Standard, Bundeskommission für Standardisierung. JUS / E.L2.015 / 1958.

Maisstärke. Jugoslawischer Standard, Bundeskommission für Standardisierung. JUS / E.L2.010 / 1958.

Bestimmung des Feuchtigkeitsgehaltes von Getreide und Mahlprodukten. Niederländisches Normalisations-Institut NEN 3090 / 1956.

Kartoffelstärke, Probenahme, Prüfung, Untersuchung. Norwegen, Standard NS 752.

Kartoffelstärke. Norwegen, Standard NS 751.

Qualitative Kontrolle der Stärke. Polnisches Standardisierungskomitee PN N 03070.

Kartoffelerzeugnisse, Kartoffelstärke. Polnisches Standardisierungskomitee PN-59 / A-74710.

Kartoffelflocken. Polnisches Standardisierungskomitee, PN-53 / R-74654

Kartoffelverarbeitungserzeugnisse. Verfahren zur Untersuchung von Stärke und Dextrinen. Polnisches Standardisierungskomitee, PN-63 / A-74700.

Kartoffelmehl. Polnisches Standardisierungskomitee, ZN-51 / MPRIS-I-10-Eks.

Kartoffelpuddingmehl. Polnisches Standardisierungskomitee ZN-51 / MPR i Spoz I-1.

Genußfähige Weizenstärke. Polnisches Standardisierungskomitee ZN-51 / MPRiS-14

Weizenstärke. Technische Bedingungen. Polnisches Standardisierungskomitee WT-54 / MPRiSP I-5

Kartoffelstärkesirup (45°Be). Polnisches Standardisierungskomitee WT-53 / MPRiS 2

Kartoffelstärke. Polnisches Standardisierungskomitee RN 56 / MPSp - I - 22

Kartoffelmehl. Polnisches Standardisierungskomitee RN-51 / MPR: Spoz I-1

Bestimmung des Feuchtigkeitsgehaltes von Kartoffelmehl vermittelst des Infrarotstrahlers "IR". Schnellmethode. Polnisches Standardisierungskomitee RN-54 / MPRiS-I-20

Bestimmung des PH-Wertes im Brei, in der Milch und im Kartoffelmehl. Resort-Norm. Polnisches Standardisierungskomitee RN-54 / MPRiS-I-40

Bestimmung von Fremdmineralien in Produkten der Stärkeindustrie. Polnisches Standardisierungskomitee RN-56 / MPS-I 15

Trockene Kartoffelpülpe. Export-Resort-Norm. Polnisches Standardisierungskomitee RN-55 / VPRIS-I 44 Eks.

Feuchte Kartoffelpülpe. Resort-Norm. Polnisches Standardisierungskomitee RN-54 / MPRiS-I-19.

Feuchte Pülpe. Untersuchungsmethode. Polnisches Standardisierungskomitee RN-54 / MPRiS-I-18.

Kartoffelstärkesirup. Polnisches Standardisierungskomitee, RN-55 MPRiS-I-46.

Stärkesirup aus Kartoffelstärke für Zuckerwaren.Ressort-Norm. Polnisches Standardisierungskomitee RN / MPRiS-I-3.

Dextropur - Wasserklare Kristallglucose.Ressort-Norm. Polnisches Standardisierungskomitee RN-54 / MPRiS-I-35.

Säuredextrin aus Kartoffelstärkemehl. Polnisches Standardisierungskomitee RN-52 / MPRiS-J.2 Eks.

Glucose flüssig, Glucose fest. Rumänien, Standard STAS 9 - 57.

Stärke von Kartoffeln, Mais und Weizen. Rumänien, Standard STAS 7 - 53.

Dextrin von Kartoffeln, Mais und Weizen. Rumänien, Standard STAS 8 - 53.

Glucose. Rumänien, Standard STAS 181 - 49.

Kartoffelstärke. Rumänien, Standard STAS 180 - 49.

Glukofrut, Gütenorm. Tschechoslowakische Staatsnorm (Standard) ČSN 56 4775 (1958).

Maisstärke, Gütenorm. Tschechoslowakische Staatsnorm (Standard) ČSN 56 6102 (1957).

Kartoffelstärke, Gütenorm. Tschechoslowakische Staatsnorm (Standard) ČSN 56 6100 (1952) u. (1957).

Weizenstärke, Gütenorm. Tschechoslowakische Staatsnorm (Standard) ČSN 56 6103 (1952) u. (1957).

Stärkesirup für Karamellen (Bonbonsirup), Gütenorm. Tschechoslowakische Staatsnorm (Standard) ČSN 56 6161 (1955).

Gelber Stärkesirup, Gütenorm. Tschechoslowakische Staatsnorm (Standard) ČSN 56 6160 (1954).

Trocken-Stärkesirup, Gütenorm. Tschechoslowakische Staatsnorm (Standard) ČSN 56 6170 (1954).

Stärkezucker, Gütenorm. Tschechoslowakische Staatsnorm (Standard) ČSN 56 6177 (1954).

Dextrin aus Kartoffelstärke, Gütenorm. Tschechoslowakische Staatsnorm (Standard) ČSN 56 6210 (1953).

Mais-Dextrin, Gütenorm. Tschechoslowakische Staatsnorm (Standard) ČSN 56 6220 (1953).

Lösliche Kartoffelstärke, Gütenorm. Tschechoslowakische Staatsnorm (Standard) ČSN 56 6101 (1953).

Kartoffelstärke für Puddinge, Gütenorm. Tschechoslowakische Staatsnorm (Standard) ČSN 56 6135 (1952).

Maizena, Gütenorm. Tschechoslowakische Staatsnorm (Standard) ČSN 56 6122 (1952).

Technischer Kleister. Tschechoslowakische Staatsnorm (Standard) ČSN 56 6315

Speisekleister. Tschechoslowakische Staatsnorm (Standard) ČSN 56 6310

Stärke, Weizenmehl. Tschechoslowakische Staatsnorm (Standard) ČSN 56 0634

Glucosehydrat, kristallin. Komitee für Standards, Maße und Meßgeräte beim Ministerrat der UdSSR GOST 975-63

Künstlicher Sago. UdSSR Allunions Standard-Komitee beim Ministerrat der UdSSR GOST 8800-58

Kartoffelstärke. UdSSR Allunions Standard-Komitee beim Ministerrat der UdSSR GOST 7699-55

Stärke, Abnahmeregel und Prüfmethoden. UdSSR Allunions Standard-Komitee beim Ministerrat der UdSSR GOST 7698-55

Maisstärke. UdSSR Allunions Standard-Komitee beim Ministerrat der UdSSR GOST 7697-55

Weizenstärke. UdSSR Rat für Arbeit und Verteidigung, Komitee für Standardisierung GOST 202 (1953)

Säure-Dextrine. UdSSR Allunions Standard-Komitee beim Ministerrat der UdSSR GOST 6034-51

Stärkesirup. UdSSR Allunions Standard-Komitee beim Ministerrat der UdSSR GOST 5194-50

Glucosehydrat kristallin. UdSSR Allunions Standard-Komitee beim Ministerrat der UdSSR GOST 975-41

Stärkesirup, Stärkezucker. Ungarische Volksrepublik, Landesnorm MNOSZ 8787-52 / 1952.

Stärkezucker. Ungarische Volksrepublik, Landesnorm MNOSZ 8788-52 / 1952

Kartoffelstärke, Qualität, Untersuchung, Lagerung, Verpackung, Bezeichnung. Ungarische Volksrepublik, Landesnorm MNOSZ 8783-51/ 1951.

Weizenstärke, Qualität, Untersuchung, Lagerung, Verpackung, Bezeichnung. Ungarische Volksrepublik, Landesnorm MNOSZ 8784-51 / 1951

Maisstärke, Qualität, Untersuchung, Lagerung, Verpackung, Bezeichnung. Ungarische Volksrepublik, Landesnorm MNOSZ 8782-51 / 1951

Stärken, Untersuchung, Musternahme, Lagerung. Ungarische Volksrepublik, Landesnorm MNOSZ 8781-51 / 1951.

Standardisierte analytische Methoden. USA, Corn Industries Research Foundation, Inc. Washington 6, D.C., Connecticut Avenue.

07. Forschung und Forschungsstätten

Jahresbericht 1964 der Bundesforschungsanstalt für Getreideverarbeitung in Berlin und Detmold Stärke-Abteilung. Kempf, W., Winkler, S., Tegge, G. und Nierle, W. Stärke 18. 52-56 (1966).

Jahresbericht 1963 der Bundesforschungsanstalt für Getreideverarbeitung in Berlin und Detmold. Kempf, W., Tegge, G., Wegner, H. und Winkler, S. Stärke 17. 14-16, 17-18 (1965).

Grundrichtungen der wissenschaftlichen Forschungsarbeiten des zentralen Forschungsinstitutes für Stärkeprodukte im Jahre 1964-1965. Weksler, B.A. Zucker-Ind. (russ.) 38. Nr.2 47-51 (1964). - Ref. J.Chem.(russ.) 1965. 7 R271.

60 Jahre Bundesforschungsanstalt für Getreideverarbeitung. Pelshenke, P.F. Stärke 16. 338-40 (1964).

Jahresbericht 1962 der Bundesforschungsanstalt für Getreideverarbeitung in Berlin und Detmold, Abteilung Stärke. Kempf, W., Tegge, G., Wegner, H. und Winkler, S. Stärke 15. 415-19 (1963).

Jahresbericht 1961 der Bundesforschungsanstalt für Getreideverarbeitung in Berlin und Detmold.(Abteilung Stärkefabrikation). Kempf, W., Tegge, G., Wegner, H. und Winkler, S. Stärke 14. 290-94 (1962).

Aufgaben bei der Entwicklung der wissenschaftlichen Forschungsarbeit in der Stärke- und Stärkesirupindustrie. Weksler, B.A. Zucker-Ind.(russ.) 36. Nr.1 63-67 (1962).

Die Stärkeforschung im Institut für Landwirtschaftlich-Chemische Technologie der Technischen Universität, Budapest. Holló, J. und Szejtli, J. Stärke 13. 174-81 (1961). - Ref. C. 1962. 1440.

Jahresbericht 1960 der Bundesforschungsanstalt für Getreideverarbeitung in Berlin und Detmold. (Abteilung Stärkefabrikation). Kempf, W., Tegge, G., Wegner, H. und Winkler, S. Stärke 13. 265-69 (1961).

Forschungen über die Glucoso-Herstellung in der UdSSR. Nakayama, O. J.technol.Soc.Starch (Japan) 7. 113-17 (1960).

Vergleichende Betrachtungen der europäischen und der amerikanischen Stärkeforschung und Stärkeindustrie. Kempf, W. Stärke 12. 296-99 (1960). - Ref. C. 1961, 15228, Ref. J.Chem.(russ.) 1961, 11 N376.

Jahresbericht 1959/60 der Bundesforschungsanstalt für Getreideverarbeitung in Berlin und Detmold. (Abteilung Stärkefabrikation). Kempf, W., Tegge, G., Wegner, H. und Winkler, S. Stärke 12. 244-47 (1960).

10 Jahre "Abteilung für Stärkeforschung" des Instituts für Ernährung, Potsdam-Rehbrücke, der Deutschen Akademie der Wissenschaften zu Berlin. Ulmann, M. Stärke 12. 18-30 (1960) - Ref.C.1960, 15930.

10 Jahre "Abteilung für Stärkeforschung" des Instituts für Ernährung, Potsdam-Rehbrücke, der Deutschen Akademie der Wissenschaften zu Berlin. Ulmann, M. Ernährungsforschung 4. 293-324 (1959).

Die Verwendung der Farbenfotografie in der Stärkeforschung. Seidemann, J. Fotografie 13. 384 (1959) - Ref. Stärke 11. 338 (1959).

Jahresbericht 1958/59 der Bundesforschungsanstalt für Getreideverarbeitung in Berlin und Detmold (Abteilung Stärkefabrikation). Stärke 11. 298-309 (1959).

Aus der Arbeit des Bereiches "Chemie der Lebensmittel" im Jahre 1958. Rauscher, K. Ernährungsforschung 4. 129-44 (1959).

Jahresbericht 1957/58 der Bundesforschungsanstalt für Getreideverarbeitung, Detmold III. Stärke. Stärke 10. 221-38 (1958).

Jahresbericht 1956/57 der Bundesforschungsanstalt für Getreideverarbeitung, Detmold III. Stärke. Stärke 10. 134-54 (1958).

Ordnung der Aufgaben und der Arbeitsweise des Instituts für Ernährung der Deutschen Akademie der Wissenschaften zu Berlin vom 18.September 1957. Ernährungsforschung 3. 15-20 (1958).

Aus der Arbeit des Institutes für Ernährung im Jahre 1957. Bereich Chemie der Lebensmittel. Ulmann, M. Ernährungsforschung 3. 150-60 (1958).

Aus der Arbeit des Institutes für Ernährung. Ernährungsforschung 3. 345-52 (1958).

Aus der Arbeit des Institutes für Ernährungsforschung im Jahre 1956. Ulmann, M. Ernährungsforschung 2. 185-97 (1957).

Jahresbericht 1956/57 des Forschungsinstituts für Stärkefabrikation, Berlin. Wegner, H. Stärke 9. 157-59 (1957).

Zehn Jahre Arbeitsgemeinschaft Getreideforschung. Pelshenke, P. Stärke 9. 70-73 (1957).

Themen der Stärkeforschung. Kihara, Y. J.technol.Soc.Starch (Japan) 4. 168 (1957).

Neuere Forschungsprogramme über die Stärkechemie in Japan. Kihara, Y. J.technol.Soc.Starch (Japan) 5. 28-30 (1957).

Jahresbericht 1955/56 der Bundesforschungsanstalt für Getreideverarbeitung, Detmold. Pelshenke, P.F. Stärke 8. 176-85 (1956).

10 Jahre Rehbrücker Institut im Rahmen der Probleme der Ernährungsforschung. Täufel, K. Ernährungsforschung 1. 587-601 (1956).

Zehn Jahre wissenschaftliche Aufbauarbeit im Institut für Ernährungsforschung. Scheunert, A. Ernährungsforschung 1. 203-15 (1956).

Überblick über die Geschichte des Institutes für Ernährungsforschung von 1946 - 1955. Ulmann, M. Ernährungsforschung 1. 8-17 (1956).

Anordnung über die Errichtung des Zentrallaboratoriums für die Stärkeindustrie vom 20. April 1956. Statut für das Zentrallaboratorium für die Stärkeindustrie. DDR. Gesetzblatt Teil II Nr. 23 v. 26/5.1956.

Jahresbericht 1955/56 des Forschungsinstitutes für Stärkefabrikation, Berlin. Wegner, H. Stärke 8. 209-13 (1956).

Jahresbericht 1954/55 der Bundesforschungsanstalt für Getreideverarbeitung, Detmold III. Stärke. Pelshenke, P.F. Lindemann, E., Kempf, W., Dierchen, W., Dörner, H., Dostal, L. und Schäfer, W. Stärke 7. 19-30 (1955).

Jahresbericht 1954/55 des Forschungsinstituts für Stärkefabrikation, Berlin. Wegner, H. Stärke 7. 185-89 (1955).

Jahresbericht 1953/54 der Bundesforschungsanstalt für Getreideverarbeitung, Detmold. III. Stärke. Lindemann, E., Dostal, L., Dierchen, W., Dörner, H., Kempf, W. u. Schäfer, W. Stärke 6. 61-72 (1954) - Ref. C. 1956, 14517.

Jahresbericht 1953/54 des Forschungsinstituts für Stärkefabrikation, Berlin. Wegner, H. Stärke 6. 133-35 (1954).

Jahresbericht 1952/53 der Bundesanstalt für Getreideverarbeitung, Detmold. III: Stärke. Lindemann, E. Stärke 5. 245-54 (1953).

70 Jahre Forschungsinstitut für Stärkefabrikation, Berlin. Wegner, H. Stärke 5. 29-32 (1953).

Jahresbericht 1951-52 der Stärkeabteilung der Bundesanstalt für Getreideverarbeitung in Detmold. Lindemann, E. Stärke 4. 180-83 (1952).

Industrielle Stärkeforschung. Caldwell, C.G. Chem.Engng. News 30. 514-17 (1952) - C.A. 46. 7803c (1952).

Jahresbericht 1951-52 des Forschungsinstituts für Stärkefabrikation in Berlin. Wegner, Hans Stärke 4. 183-84 (1952).

Jahresbericht der Bundesanstalt für Getreideverarbeitung in Detmold. Lindemann, E. Stärke 3. 226-28 (1951).

Jahresbericht des Forschungsinstituts für Stärkefabrikation in Berlin. Wegner, H. Stärke 3. 224-25 (1951).

Jahresbericht 1948-1950 der Zentralanstalt für Getreideverarbeitung. 42-43. Bericht. Pelshenke, P.F., Rotsch, A. Rüggeberg, H. Dörner, H., Dosse, O., Drews, E., Hampel, G. Lindemann, E., Menger, A., Schulz, A. Stoy, A. und Svenson, J. Getreide, Mehl Brot 4. 73-96 (1950) - Ref. C. 1951. II. 615.

Zweck und Ziel der Stärkeforschung. Wolff, O. Stärke 1. 29 (1949).

Gedanken zur Stärkeforschung. Meyer, H. Dtsch.Lebensmittel-Rdsch. 44. 233-34 (1948).

Gedanken zur Stärkeforschung. Meyer, H. Getreide, Mehl Brot 2. 20-21 (1948) - Ref. C. 1948. I. 1364.

Aufgaben und Einrichtungen des Forschungsinstitutes für Stärkefabrikation. Kröner, W. Chem.Fabrik. 14. 10-13 (1941). - C. 1941. I. 1748.

Die Entwicklung des Forschungsinstituts für Stärkefabrikation in den Jahren 1935-1939. Kröner, W. Z.Spiritusind. 62. 185 (1939).

Jahresbericht des Forschungsinstituts für Stärkefabrikation 1938. Kröner, W. Z.Spiritusind. 1939. (Sonderabdruck 30 S.)

Jahresbericht des Forschungsinstituts für Stärkefabrikation 1938. Z.Spiritusind. 62. 35-36, 45-46, 53-54 (1939).

Jahresbericht des Forschungsinstituts für Stärkefabrikation 1937. Kröner, W. Z.Spiritusind. 1938. (Sonderabdruck 23 S.)

Über Aufgaben, Ziele und Wünsche der Forschungsanstalt für Stärkefabrikation am Institut für Gärungsgewerbe. Kröner, W. Z.Spiritusind. 58. 149-50 (1935).

Neue Aufgaben der Stärkeforschung. Stein, H. Z.Spiritusind. 58. 93 (1935).

Jahresbericht über die analytische Tätigkeit der Forschungsanstalt für Stärkefabrikation. Parlow, A. Z.Spiritusind. 53. 311 (1930).

Halbjahrsbericht über die Analysentätigkeit unter besonderer Berücksichtigung der für die Praxis wichtigen Ergebnisse. Lampe,B. Z.Spiritusind. 53. 126 (1930).

08. Tagungen und Gesellschaftsberichte

American Association of Cereal Chemists 50 th Annual Meeting. Stärke 17. 356-60 (1965).

Bericht über die 16. Stärketagung 1965 in Detmold. Kempf, W. Stärke 17. 175-76 (1965).

Stärke-Tagung 1965 der Arbeitsgemeinschaft Getreideforschung e.V. Stärke 17. 35 (1965).

Stärke-Tagung 1965 in Detmold. Stärke 17. 1 (1965).

4.Japanische "Starch Round Table"-Konferenz 1964. Stärke 17. 201-02 (1965).

1964 Detmold Stärke Tagung. Hattori, Y. J.technol.Soc.Starch (Japan) 12. 115-18 (1965).

Arbeits- und Diskussions-Tagung 1964 der Internationalen Gesellschaft für Getreidechemie in Wien. Stärke 16. 401-02 (1964).

Bericht über die 13.Stärketagung 1964 in Detmold. Kempf, W. Stärke 16. 200 (1964).

Stärke-Tagung 1964 der Arbeitsgemeinschaft Getreideforschung e.V. Stärke 16. 39-40 (1964).

Bericht über die 6.Krøyer-Glucose-Konferenz vom 5. bis 9. Mai 1964 in Dublin (Irland). Tegge, G. Stärke 16. 367-68 (1964).

Bericht über die 5. InternationaleKrøyer-Glukose-Konferenz in Paris (1962). Stärke 15. 267-68 (1963).

Bericht über die 14. Stärke-Tagung 1963 in Detmold. Kempf, W. Stärke 15. 228 (1963).

Tagung - Seminar der Arbeiter der Kartoffelnverarbeitenden Betriebe der Sownarchose der RSFSR. Zucker-Ind.(russ.) 1963. Nr. 9. 69-73 - Ref. J.Chem.(russ.) 1964. 5 R330.

Stärke-Tagung 1963 der Arbeitsgemeinschaft Getreideforschung e.V. Stärke 15. 81-82 (1963).

Bericht über die zweite Plenar-Sitzung des ISO/TC93. Stärke 15.269 (1963).

Französische Stärke-Tagung 1962 in Paris. Stärke 14. 294-95 (1962).

13. Stärke-Tagung 1962 in Detmold. Stärke 14. 256-57 (1962).

Internationale Gesellschaft für Getreidechemie. Pelshenke, P.F. Stärke 13. 381-82 (1961).

Eine amerikanische Fachtagung über Weizenstärkeverwertung. Müllerei 14. 18, 20 (1961).

Konferenz über die Aufgaben der Stärke- und Stärkesirupindustrie. Zucker-Ind. (russ.) 35. Nr.2. 67-69 (1961). - Ref. Stärke 13. 390 (1961).

12. Stärke-Tagung 1961 in Detmold. Stärke 13. 157-61 (1961).

Internationale Tagung über Stärke. Dux, E. Nature (London) 191. 236-37 (1961).

Stärke-Tagung der Arbeitsgemeinschaft Getreideforschung. Kempf, W. Zucker- u. Süßwaren-Wirtsch. 13. 543-46, 586-89 (1960).

Stärke-Tagung 1960. Süßwaren 4. 658-60, 720-22 (1960).

Internationale Stärketagung 1959. Dux, E. Nature (London) 184. 513-14 (1959).

Bericht über die Maschinen- und Apparateausstellung anläßlich der Stärke-Tagung 1959 der Arbeitsgemeinschaft Getreideforschung e.V., Detmold. Tegge, G. Stärke 11. 333-36 (1959).

Wissenschaftlich-technische Allunionskonferenz der Werktätigen in der Stärkeindustrie. Kagan, W.S. Zucker-Ind. (russ.) 33. Nr.2. 48-50 (1959).

10. Stärketagung 1959 in Detmold. Stärke 11. 151-54 (1959).

Stärketagung 1959 in Detmold. Graefe, G. Gordian 59. 186-87, 224-225 (1959).

Stärketagung 1959 in Detmold. (1.Teil). Gordian 59. Heft Nr. 1405. 20-21 (1959).

Die Deutsche Stärketagung 1958. Dux, E. Nature (London) 182. 231-32 (1958).

Bericht über die Getreidechemiker-Tagung Detmold 1958. Kempf, W. Stärke 10. 179-83 (1958).

Internationale Stärketagung. Dux, E. Nature (London) 179. 1285-86 (1957).

Bericht über die Getreidechemiker-Tagung Detmold 1957. Kempf, W. Stärke 9. 133-37 (1957).

Stärketagung 1957. (1.Teil). Gordian 57. Nr.1355. 30-31 (1957).

Bericht über die Internationale Glukose-Konferenz in Palma de Mallorca und Barcelona (Spanien). Kempf, W. Stärke 9. 203-8 (1957).

Bericht über die Getreidechemiker-Tagung 1956. Kempf, W. Stärke 8. 155-59 (1956).

Kunststofftagung 1952 in Verbindung mit der Fachmesse "Kunststoffe" 1952". Rüggeberg, H. Stärke 5. 17 (1953).

Bericht über die 7. wissenschaftliche Arbeitstagung des Instituts für Lebensmitteltechnologie und Verpackung in München. Stärke 5. 41-44 (1953).

Stärke-Tagung 1953. Stärke 5. 101-104 (1953).

Die Stärkeindustrie im Wettbewerb. Gemeinschaftsarbeit von Wissenschaft und Praxis auf der Stärketagung 1951. Stärke 3. 97 (1951).

Die Stärketagung der Arbeitsgemeinschaft Getreideforschung 1951. Schulz Brot u. Gebäck 5. 72-73 (1951).

Satzung der Wirtschaftlichen Vereinigung deutscher Stärke-Industrien. Z.Spiritusind. 57. 110 (1934).

50 Jahre Verein der Stärke-Interessenten. Schulz, A.P. Z.Spiritusind. 56. 37 (1933).

Sitzungsbericht über die Generalversammlung des Vereins der Stärke-Interessenten in Deutschland im März 1933. Z.Spiritusind. 56. 71 (1933).

Verordnung über den Zusammenschluß der Kartoffelstärke-Industrie. Vom 12. Juni 1931. Z.Spiritusind. 54. 161 (1931).

Interessengemeinschaft Deutscher Kartoffelstärke-Industrien G.m.b.H. Z.Spiritusind. 52. 109-10 (1929).

Geschichtliches aus dem Vereinsleben des Stärke-Gewerbes. Sprockhoff, M. Z.Spiritusind. 52. 243 (1929).

Bericht über die ordentliche Mitgliederversammlung des Vereins der Stärke-Interessenten in Deutschland. Z.Spiritusind. 52. 33-34 (1929).

Herbststärketagung 1928. Z.Spiritusind. 51. 307 (1928).

Ordentliche Generalversammlung des Vereins der Stärke-Interessenten in Deutschland. Z.Spiritusind. 51. 41 (1928).

Herbststärketagung 1927. Z.Spiritusind. 50. 297 (1927).

Der Zusammenschluß im Stärkegewerbe. Lanz, K. Z.Spiritusind. 50. 119-120, 177-178, 267-268 (1927).

Der Zusammenschluß im Stärkegewerbe. Z.Spiritusind. 50. 7, 62 (1927).

Der Zusammenschluß im Stärkegewerbe. Lanz, K. Z.Spiritusind. 49. 377-378 (1926).

Bericht über die technisch-wissenschaftlichen Arbeiten in der Generalversammlung des Vereins der Stärke-Interessenten in Deutschland. Parow, E. Z.Spiritusind. 45. 51-53 (1922).

Bericht über die Arbeiten des Vereins der Stärke-Interessenten in Deutschland. Parow, E. Z.Spiritusind. 43. Beil.Nr. 15. 9-10 (1920).

Die Tätigkeit der Berufsgenossenschaft der Molkerei-, Brennerei- und Stärke-Industrie im Jahre 1919. Hennig Z.Spiritusind. 43. 207 (1920).

Bericht über die 37. ordentliche Generalversammlung des Vereins der Stärke-Interessenten in Deutschland am 18. 2. 1920. Z.Spiritusind. 43. 67-74 (1920).

Das Kartoffelstärke-Syndikat. Lanz Z.Spiritusind. 43. 333 (1920).

Das Kartoffelstärke-Syndikat. Parow, E. Z.Spiritusind. 43. 231 (1920).

Alsbaldige Gründung eines Kartoffelstärkesyndikats beschlossen. Lindner, R. Z.Spiritusind. 43. 213 (1920).

Jahresbericht des Vereins der Stärke-Interessenten Deutschlands. Parow, E. Chemiker-Ztg. 35. 230-231 (1911) - Ref. C.A. 5. 2199 (1911), W.Ref. 1963.

Satzungen für den Verein der Stärke-Interessenten in Deutschland. Z.Spiritusind. 34. 229 (1911).

Über die Tätigkeit der Berufsgenossenschaft der Molkerei-, Brennerei- und Stärkeindustrie im Jahre 1910. Z.Spiritusind. 34. 319 (1911).

Versammlung des Vereins der Stärke-Interessenten in Deutschland zu Berlin am 24. Februar 1910. Chemiker-Ztg. 34. 256-257 (1910) - W.Ref. 1961.

Vorläufiger Bericht über die 27. Generalversammlung des Vereins der Stärke-Interessenten in Deutschland am 24. Februar 1909. Parow, E. Z.Spiritusind. 32. 87 (1909).

Die Ausstellung für Stärkeindustrie und Kartoffeltrocknung zu Berlin im Jahre 1908. Fehrmann, K. Z.Spiritusind. 31. 113-15, 129-30, 149-51 (1908).

Die Ausstellung für Stärkefabrikation und Kartoffeltrocknung. Z.Spiritusind. 31. 92 (1908).

Über die Tätigkeit der Berufsgenossenschaft der Molkerei-, Brennerei- und Stärke-Industrie im Jahre 1907. Z.Spiritusind. 31. 508-09 (1908).

Vorläufiger Bericht über die 24. Generalversammlung des Vereins der Stärke-Interessenten in Deutschland. Parow, E. Z.Spiritusind. 29. 64 (1906).

Bericht über die außerordentliche Sitzung des Ausschusses des Vereins der Stärke-Interessenten in Deutschland vom 23. Januar 1905. Parow, E. Z.Spiritusind. 28. 38 (1905).

Der Geschäftsbericht der Deutschen Stärke-Verkaufsgenossenschaft E.G.m.b.H. für das Geschäftsjahr 1903/04. Z.Spiritusind. 27. 495-96 (1904).

Das Institut für Gärungsgewerbe und Stärkefabrikation Berlin auf der internationalen Ausstellung für Spiritusverwertung und Gärungsgewerbe, Wien 1904. Z.Spiritusind. 27. 237-38 (1904).

Vorläufiger Bericht über die diesjährige Generalversammlung des Vereins der Stärke-Interessenten und des Vereins der Spiritus-Fabrikanten in Deutschland. Z.Spiritusind. 15. 63-65 (1892).

Versammlung der Stärke-Interessenten. Chemiker-Ztg. 14. 305 (1890). - W.Ref. 2471.

Bericht über Sektion 3 der königlichen Jubiläumsausstellung in Manchester. Gruppe 14. Smith, W. J.Soc.chem.Ind. 6. 769-770 (1877). - W. Ref. 2457.

Die Stärke und ihre Nebenprodukte auf der Weltausstellung. Blumenwitz, J. Uhland's prakt. Masch.-Konstrukteur 7. 173-174 (1874) - W.Ref. 2453.

Über die Produkte und Apparate der Stärkemehl-Fabrikation auf der Pariser Ausstellung des Jahres 1867. Thiel, G. Wagner's Jber. chem.Technol. 14. 457 (1868) - W.Ref. 2448.

09. Geschichtliche Fragen

091. Zur Geschichte der Stärke

(Auch Bibliographien und Nekrologe)

Dioskurides und die Stärkebereitung. Strübing, E. Stärke 18. 22-27 (1966).

Fünfzig Jahre Fortschritt in der Stärkechemie. Sandstedt, R.M. Cereal Sci.today 1965. 305-14, 358-59. - Ref. J.Chem.(Russ.) 1966. 1 R330.

In Memoriam Dr.phil. Ludwig Staudigl 1902-1965. Müller-Mangold, D. Stärke 17. 337-38 (1965).

Über die Herstellung von Stärkesirup und Stärkezucker im Haushalt vor 150 Jahren. Seidemann, J. Stärke 17. 334-37 (1965).

Auf den Spuren der Kartoffel in Kunst und Literatur. Völksen, W. 2.Aufl. Verlag Th. Mann GmbH., Hildesheim 1965. 64 S. - Ref. Stärke 17. 240 (1965).

M.Porcius Cato, älteste Literaturquelle zur Geschichte der Stärke. Strübing, E. Stärke 17. 58-60 (1965).

Professeur Max Samec 1881-1964. Hollò, J. Ind.aliment.agric. 82. 123 (1965).

Herzog Carl August von Sachsen-Weimar und Johann Wolfgang von Goethe als Förderer der Stärkesirup- und Stärkezuckerfabrikation. Seidemann, J. Stärke 16. 394-97 (1964).

Prof.Dr. Max Samec in memoriam. Rebek, M. Österr.Chemiker-Ztg. 65. 357-59 (1964).

Zum 150. Jahrestag der Entdeckung der Reaktion der fermentativen Stärkehydrolyse. Iwanow, Ss.S. Zucker-Ind.(russ.) 38. 940-41 (1964).

Stärke und Stärkegewinnung vor 200 Jahren, Tegge, G. Stärke 16. 122-24 (1964) - Ref. J.Chem.(russ.) 1965, 24 R334.

Wissenschaftliche Veröffentlichungen von Max Samec† auf dem Gebiet der Stärke. Ulmann, M. Stärke 16. 334-38 (1964).

Max Samec†. Ulmann, M. Stärke 16. 275-76 (1964).

"Professorin der Stärkekunde" im 16.Jahrhundert. Winkler, S. Stärke 16. 201 (1964).

IN MEMORIAM Dr. Hans Wegner geb. 25.3.1907, gest. 5.2.1963. Winkler, S. Stärke 15. 80 (1963).

Max Ulmann zum 65. Geburtstag. Hollò, J. Stärke 14. 393-94 (1962).

K. Täufel zum 70. Geburtstag am 10. Dezember 1962; M. Ulmann zum 65. Geburtstag am 22. Oktober 1962. Gräfe, H.-K. Ernährungsforschung 7. 477-79 (1962) - Ref. C. 1963. 22189.

Max Samec. Rebek, M. Österr.Chemiker-Ztg. 62. 216-17 (1961) - Ref. C. 1963. 13413.

50 Jahre Stärkeforschung. Samec, M. Stärke 13. 105-14 (1961) - Ref. C.A. 55. 17055a (1961), C. 1962. 1440, Ref. J. Chem. (russ.) 1961, 21 N237.

50 Jahre Kolloidchemie der Stärke. (Ein Ausschnitt). Ulmann, M. Ernährungsforschung 6. 204-12 (1961) - Ref. C. A. 55, 21402b (1961) C. 1962, 1440, Stärke 14, 261 (1962).

Max Samec zum achtzigsten Geburtstag. Ulmann, M. Kolloid-Z. 176. 97-98 (1961) - Ref. C. 1963, 13413.

Max Samec zum achtzigsten Geburtstag. Ulmann, M. Stärke 13. 195-96 (1961) - Ref. C. 1962, 2241.

Karl Krøyer - ein dänischer Erfinder. Jørgensen, H. Kem.Maanedsbl. nord.Handelsbl.kem.Ind. 41.41-52 (1960) - Ref. C. 1962. 11073, Ref. J.Chem.(russ.) 1961, 13 N452.

200 Jahre industrielle Kartoffelverarbeitung in Deutschland. Wegner, H. Kartoffelbau 10. 68-70 (1959) - Ref. Stärke 12. 223 (1960).

Entdeckung des Dextrins. Wheeler, T.S. Chem.and Ind. 1959, 1014.

Zur Geschichte des Studiums der Stärke. Bluket, N.A. Sammlung Arbeiten Lehrstuhls Botanik Moskauer landwirtschaftl. Timirjasew Akad. (russ.) 1958. Nr.1. 227-54. - Ref. J.Chem.(russ.) 1960. Nr.67159, Stärke 13, 351 (1961).

100 Jahre Forschung um das Stärkekorn. Winkler, S. Kartoffelbau 9. 254-56 (1958).

75 Jahre Stärke- und Kartoffelforschung in Berlin. Wegner, H. Kartoffelbau 9. 234-35 (1958).

100 Jahre "Die Stärkekörner" von Carl Nägeli. Ulmann, M. Stärke 10. 31-38 (1958).

Max Ulmann 60 Jahre alt. Gräfe, H.-K. Ernährungsforschung 2. 545-50 (1957).

Zur Geschichte der Entdeckung des Jods sowie der Jod-Stärke-Reaktion. Augustat, S. Ernährungsforschung 2. 599-602 (1957). - Ref. C. 1958, 11418, C.A. 52, 6866g (1958), Stärke 10, 266 (1958).

Über 200 Jahre Kartoffelbrennerei. Ein Beitrag zur Geschichte der Kartoffelbrennerei.Olbrich, Hubert Branntweinwirtschaft 79. 235-38 (1957) - Ref. C. 1958. 2914.

Kurt Heinrich Meyer 1883-1952. Jeanolz, R.W. Advances Carbohydrate Chem. 11. XIII-XVIII (1956).

In Memoriam Oskar S a a r e. Wegner, H. Stärke 5. 157-58 (1953).

Kurt H. Meyer. 1882-1952. Hopf, H. Stärke 5. 53-55 (1953).

Vergangenheit und Gegenwart der Stärkechemie. Meyer, K.H. Experientia (Basel) 8. 405-20 (1952) - Ref. C. 1954, 3035.

Die Fabrikation von Stärke, Stärkesirup und Dextrin vor 100 Jahren. Ulrich, K. Stärke 3. 236-43 (1951).

Wladimir Adolfowitsch Naumow (Zur Geschichte der Entwicklung der vaterländischen Kolloidchemie).Nasarow, W.I. Inst.Geschichte Naturwiss.Technik (russ.) 35. 386-94.

Die Stärkeforschung im Rückblick und Ausblick. Samec, M. Kolloid-Z. 124. 135-41 (1951) - Ref. C.A. 46. 4827i (1952), C. 1955, 2217.

Zur Geschichte der Stärkechemie. Bemerkungen zu einem Artikel von H. Meyer "Zur Geschichte der Stärkechemie". Völksen, W. Stärke 3. 78-80 (1951).

Zur Geschichte der Stärkechemie. Meyer, H. Stärke 2. 1-4. (1950).

Zum Tode von W.N.Haworth. Meyer, Heinrich Stärke 2. 149. (1950) C. 1951. I. 1409.

Die Entdeckung der Stärkeverzuckerung (Säurehydrolyse) durch G.S.C. Kirchhoff im Jahre 1811.Völksen, W. Stärke 1. 30-36 (1949).

Die Entdeckung des Nachweises von Stärke, Eiweisstoffen und Kork durch Jod im Jahre 1814. Zaunick, R. Sudhoffs Arch.Gesch.Med. Naturwiss. 35. 243-54 (1942) - R_ef. C. 1945, II, 1437.

Geschichte des Stärkehandels in Leipzig. Kapp, A. Z.Spiritusind. 63. 277 (1940).

Die Stärketragödie. Cornelius O'Sullivan. 1841-1907. Armstrong, H.E. J.Soc.chem.Ind.Chem. and Ind. 53. 342-44. (1934) - R_ef. C. 1934. II. 2941.

Zum 300. Geburtstage Antoni van Leeuwenhoeks, des Erfinders des Mikroskopes. Z.Spiritusind. 56. 143 (1933).

Albrecht Daniel Thaer als Stärkezuckerfabrikant und Gegner des Rübenzuckers. Grotkass, R.E. Chemiker-Ztg. 56. 29-31 (1932).

50 Jahre Stärkeprozenttabellen. Sprockhoff, M. Z.Spiritusind. 52. 296 (1929).

Prof.Dr. E. Parow gestorben. Hayduck Z.Spiritusind. 52. 91 (1929).

Erste Entwicklung der Stärkechemie und Herstellung von Stärke. Walton, R.P. in R.P. Walton: A Comprehensive Survey of Starch Chemistry, Part 1, S. 235-40. Chemical Catalog Company, New York 1928.

Zum Gedächtnis Antony von Leeuvenhoeks. Lindner, P. Z.techn.Biol. 11. 13 (1925).

Die Entwicklung der Halleschen Stärkeindustrie.Detzel, W. Dissertation Halle 1923.

Über den Werdegang der Berliner Dextrinfabrik Otto Kutzner. Z.Spiritusind. 45. 285 (1922).

Nekrolog für Arthur Meyer. Meyer, Fr.I. Ber.Dtsch.Bot.Ges. 40. (1922).

Die Entdeckung des Dextrins. Pulp Paper Mag.Canada 20. 879-880 (1922) - W.Ref. 2409.

Goethe und die Zuckerfabrikation. Lippmann Dtsch.Zuckerind. 44. 5 (1919).

Der Ursprung und die Bedeutung der Stärke. Clark, E.D. 8. Int. Congr.appl.Chem., Washington and New York, Orig.Commun. 19. 55-69 (1912) - W.Ref. 461.

Neuere Untersuchungen über Stärke und ein kurzer Rückblick. Matthews, Ch.G. und Lott, F.E. J.Inst.Brewing 17. 219-270 (1911) - W.R_ef. 576.

Hundert Jahre Glukose und die frühe Geschichte der Stärke. Herstein, B. J.ind.Engng.Chem. 3. 158-168 (1911) - W.Ref. 109.

Die Hundertjahrfeier des Stärkezuckers. Z.Spiritusind. 34. 609-12 (1911).

Hundert Jahre Stärkezucker. Parow, E. Z.Spiritusind. 34. 89 (1911).

Ein kurzer Rückblick auf unser Wissen über die Stärke. (Auszug.). Ling, A.R. 7. Int.Congr.appl.Chem., London, Proc.Sect. 6b. 123-124 (1909) - Ref. C.A. 4. 1697 (1910), W.Ref. 458.

Vorschlag für die Perkin-Medaille. J.Soc.chem.Ind. 28. 342-343 (1909) - W.Ref. 2308.

Zur Geschichte der Technik der Stärkemacherei. Krauss, H. Z.Spiritusind. 28. 450 (1905).

Antoni van Leeuwenhoek. Z.Spiritusind. 28. 247 (1905).

Antoni van Leeuwenhoek. 1632-1723. Hest, I.I. van Wschr.Brauerei 22. 45-48, 61-64, 77-79, 95-98, 111-15 (1905).

Stärkemehl, Arzneimittellehre S. 205. Dioskurides (Dioskorides) Herausgegeben von J. Berendes Ferd. Enke, Stuttgart 1902.

Beiträge zur Geschichte der deutschen Reisstärke-Industrie. Borght, E. Verlag F. Siemenroth, Berlin 1899. 100 S.

Leben und Wirken von Carl Wilhelm von Nägeli. Cramer, C. Zürich 1896.

Nachruf für C.W. Nägeli. Schwendener, S. Ber.Dtsch.Bot.Ges. 9. (1891) Nekrologe 26-42.

Beiträge zur Geschichte der Stärke und der Verwandlungen derselben. Brown, H.T. und Heron, J. Liebig's Ann. Chem. 199. 165-253 (1879).

De re rustica. Cato, Censorius Marcus Porcius (234-149 v. Chr.) Übersetzung von Nisard in: "Les agronomes Latins". Paris 1877.

092. Literatur vor 1865

Über die Herstellung chemischer Produkte. Chandelon Monit.sci.Dr. Quesneville 6. 1149-1150 (1864) - W.Ref. 2189.

Das Äußere der Kartoffel als Kennzeichen ihres Stärkemehlreichtums. Nobbe, F. Landwirtsch.Versuchsstat. 6. 413-418 (1864) - W.Ref. 1443.

Zur massanalytischen Bestimmung des Stärkemehls. Faustner, Arch. Pharmac. 167. 276-277 (1864) - Ref. C. 1864. 1103, W.Ref. 1725.

Einwirkung von Ammoniak auf Stärke. (Auszug.) Blondeau, Ch. C.R. hebd.Séances Acad.Sci. 59. 403 (1864) - W.Ref. 995.

Überführung der Stärke in Zucker durch die Schalen roher Kartoffeln. Leuchs, G. J.prakt.Chem. 92. 59 (1864) - W.Ref. 3355.

Das Saugvermögen der Stärke für Gasteerfarben. Young, J.W. Chem. News 9. 38 (1864) - Ref. C. 1864. 591, W.Ref. 667.

Über die Löslichkeit der Stärke. 3. Jessen, C. Poggendorff's Ann. Chem.Phys. 122. 482-486 (1864) - W.Ref. 1195.

Über das Kreuz, das gewisse organische Körper im polarisierten Lichte zeigen, und über die Haidinger'schen Farbenbüschel. Lang,V.V. Ann.Physik Chem. 123. 140-147 (1864) - W.Ref. 1404.

Beiträge zur Physiologie des Chlorophylls. Sachs, J. Flora 46. 193-204, 214-220 (1863).

Reduktion der Kupferlösung durch Dextrin. Kemper, R. Arch.Pharmazie 165. 250-252 (1863 - W.Ref. 666.

Prüfung der Marantastärke (Arrow Root) auf Stärkemehl aus Kartoffeln und Weizen. Albers, J.F. Arch.Pharmazie 163. 210-211 (1863) - Ref. C. 1864. 416, W.Ref. 1801.

Zur Kenntnis der zuckerbildenden Fermente. Cohnheim Virchow's Arch. pathol.Anatom.Physiol.klin.Med. 28. 241-253 (1863) - W. Ref. 2636.

Neue mechanische Vorrichtung zum Auswaschen der Kartoffelstärke. Schmidt, R. Dingler's polytechn. J. 169. 257-58 (1863) - W. Ref. 2185.

Anwendung der Centrifuge bei der Stärkefabrikation. Z.Ver.dtsch. Ing. 7. 55-60 (1863) - W.Ref. 2188.

Zur Anwendung der Centrifugalmaschine bei der Stärkefabrikation. Stammer, K. Dingler's polytechn.J. 168. 454-456 (1863) - W. Ref. 2187.

Gautron's Anwendung der Centrifugalmaschine zur Kartoffelstärke-Fabrikation. Dingler's polytechn.J. 169. 315 (1863) - W.Ref. 2183.

Über die Löslichkeit des Stärkemehls und sein Verhalten zum polarisierten Lichte. Kabsch, W. Z.analyt.Chem. 2. 216-217 (1863) - Ref. C. 1864. 303, W.Ref. 1136.

Über die chemische Verschiedenheit der Stärkekörner. Nägeli, C. Bot.Mitt. 1. 415 (1863).

Über die chemische Zusammensetzung der Stärkekörner und Zellmembranen. Naegeli, C. S.-B. königl.bayer.Akad.Wiss.München 2. 119 (1863).

Über die chemische Verschiedenheit der Stärkekörner. Nägeli, C. S.-B.königl.bayer.Akad.Wiss. München 2. 272-293 (1863) - Ref. C. 1865. 494, W.Ref. 528.

Rückstände der Kartoffelstärkefabriken. (Auszug) Nessler, J. Wagner's Jber.chem.Technol. 3. 408 (1863) - W.Ref. 2184.

Über die ungleiche Verteilung gelöster Stoffe in dem Wassertropfen eines mikroskopischen Präparates. Nägeli, C. S.-B. königl. bayer.Akad.Wiss. München 2. 293-30 (1863).

Kartoffelstärkeherstellung. Sci.American 8. 194 (1863) - W.Ref. 2186.

Darstellung des Stärkezuckers in krystallisiertem Zustande. Anthon, Fr. Die neuesten Erfindungen 1863.

Methode zur Darstellung des Stärkezuckers in einem völlig reinschmeckenden, intensiv süßen, harten und dichtkörnig krystallisiertem Zustand, in welchem er dem gewöhnlichen Zucker ähnlich ist. Anthon, E.F. Dingler's polytechn. J. 168. 456-457 (1863) - Ref. C. 1864. 144, W.Ref. 33.

Verhalten des Stärkemehls beim Gefrieren und gegen das polarisierte Licht. (Auszug) Reinsch, H. Neues Jb.Pharmaz.verwandte Fächer 18, 337-40 (1862) - Ref. C. 1863. 351, W.Ref. 1194.

Zur quantitativen Bestimmung der Stärke. Dragendorff Pharmaz. Z. Russland 1. 41-46 (1862) - Ref. C. 1862. 523-524, W.Ref. 1572.

Bestimmung der Stärke. (Auszug).Vogel, A. Wagner's Jber.chem.Technol. 8. 408 (1862) - W.Ref. 1724.

Untersuchungen aus dem Universitätslaboratorium in Rostock. I. Zur quantitativen Bestimmung der Stärke. II. Über die Bestandteile des Stärkekorns. III. Analyse eines Sommerroggens, verglichen mit der Analyse desselben Korns, nachdem es den Darmkanal von Pferden passiert und exkrementiert wurde. Dragendorff, J.Landwirtsch. 7. 206-220 (1862).

Neue Bemerkung über die Umwandlung von Stärke in Dextrin und Glukose. Musculus, F. C.R. hebd. Séances Acad.Sci. 54. 194-197 (1862) - W.Ref. 32.

Über Xyloidin und über neue salpetersaure Derivate des Stärkemehls. Béchamp, A. Ann.Chim.Phys. 64. Sér. 3; 311-344 (1862) - Ref. C. 1862. 865-867, W.Ref. 1057.

Über das Verhalten von Gummi gegen Eiweißkörper.Günsberg,R. S.-B. Akad.Wiss.Wien,math.-naturwiss.Kl.Abt.2. 45. 643-646 (1862) - W. Ref. 1799.

Über specifisch wirkende Körper des natürlichen und künstlichen pancreatischen Saftes. Danilewski Virchow's Arch.pathol.Anatom.Physiol.klin.Med. 25. 279-307 (1862) - W.Ref. 3354.

Über die Relation zwischen Zucker, Dextrin und Alkohol im Bier.Reischauer, C.G. Dingler's polytechn.J. 165. 451-462 (1862) - W. Ref. 152.

Über die Löslichkeit des Stärkemehls und sein Verhalten zum polarisierten Licht. Kabsch, W. Dissertation, Zürich 1862.

Übersicht über die Ergebnisse der neueren Untersuchungen über das Chlorophyll. Sachs,J. Flora,allg.-bot.Ztg. 20. 128-37, 161-70 177-86, 209-221 (1862).

Über den Einfluß des Lichtes auf die Bildung des Amylums in den Chlorophyllkörnern. Sachs Bot.-Ztg. 20. 365-373 (1862).

Wie stellt man Kartoffelstärke her? Sci. American 7. 327 (1862) - W. Ref. 2182.

Über den Stärkegehalt von Reis. Dugald-Campell Bull.Soc.Encouragement Ind.nat. 61. 569-71 (1862) - W.Ref. 1999.

Herstellung von Reisstärke in England. Sci. American 7. 69 (1862) - W. Ref. 2181.

Neuere Beobachtungen über das Verhalten des Stärkemehls beim Gefrieren und gegen das polarisierte Licht. Reinsch, H. Neues Jb. Pharmaz. verwandte Fächer 18. 337-340 (1862) - W.Ref. 1194.

Weißes Schießpulver. Ritter, F. Dingler's polytechn.J. 161. 146-147 (1861) - W.Ref. 1056.

Dextrin- und Glukoseprodukte unter dem Einfluß von Schwefelsäure oder Chlorwasserstoffsäure; von der Diastase oder der Diastase und der Hefe; Cellulosefaserauszug aus Holz; Unkristallisierbare Glukose dargestellt durch Malz oder Schwefelsäure. (Auszug). Payen, A. C.R.hebd.Séances Acad.Sci. 53. 1217-1223 (1861) - W. Ref. 664.

Über die Weizenstärkefabrikation nach Martin und die Verwertung des Klebers als Nahrungsmittel für Menschen wie als Viehfutter. Günsberg, R. Dingler's polytechn.J. 162. 439-45 (1861) - Ref. C. 1862. 103-06, W.Ref. 2180.

Über die Kleisterbildung bei verschiedenen Stärkearten. Lippmann,E. J.prakt.Chem. 83. 51-53 (1861) - Ref. C. 1861. 859, W.Ref. 1336.

Analyse durch Flüssigkeits-Diffusion. Graham, T. Philos.Trans.Roy. Soc.London,T.1; 151. 183-224 (1861) -W.Ref. 1192.

Bemerkungen über die Umwandlung von Stärke in Dextrin und über die teilweise Umwandlung dieser Dextrine in Glukose durch den Einfluß der Diastase. Chevreul C.R.hebd.Séances Acad.Sci. 53. 1224-1225 (1861) - W.Ref. 151.

Überführung der Stärke in Zucker durch die Schalen roher Kartoffeln. Schönbein J.prakt.Chem. 89. 323 (1861).

Über die Anwendung der Diastase in indischen Fabriken. Schäffer Bull. Soc.ind.Mulhouse 31. 85 (1861) - W.Ref. 3439.

Über die Anwendung der Diastase zur Entfernung der Appretur aus Stoffen. Paraf,M. Bull.Soc.ind.Mulhouse 31. 34-35 (1861) - W.Ref. 3438.

Über die Löslichkeit der Stärke. Flückiger, F.A. Wittsteins Vierteljahrschr.f.prakt.Pharm. 10. 40 (1861) - W.Ref. 1191.

Über das hygroskopische Verhalten mehrerer Stärkearten. Nossian, W. J.prakt.Chem. 83. 41-50 (1861) - Ref.C. 1861. 815, W.Ref. 1193.

Über das Verhalten der zerriebenen Stärkekörner gegen kaltes Wasser. Delffs, W. Poggendorff's Ann.Chem.Phys. 109. 648-655 (1860) - W.Ref. 1133.

Über die Verfälschung des Mehls und der Weizenstärke mit Kartoffelstärke. Puscher,C. Dingler's polytechn.J. 155. 391 (1860) - W. Ref. 1798.

Über die Löslichkeit des Stärkegummis in Weingeist. Anthon, E.F. Dingler's polytechn.J. 155. 458-460 (1860) - Ref. C. 1860. 347-348, W.Ref. 1189.

Herstellung und Verwendung von Stärke. Calvert, F.G. Sci.American 2. 151, 167, 181 (1860) - W.Ref. 2179.

Ein haltbares Stärkepräparat zu Maassanalysen. Mohr,O. Ann.Chem. Pharmaz. 115. 211-213 (1860) - Ref.C. 1860. 976, W.Ref. 1169.

Bemerkungen über die Umwandlung stärkeartiger Stoffe in Glukose und Dextrin. Musculus,F. C.R.hebd.Séances Acad.Sci. 50. 785-787 (1860) - Ref. C. 1860. 602, W.Ref. 150.

Mit Arrowroot geleimtes Papier. Liesegang Soc.chim.Paris,Répertoire Chim.appl. 2. 375-376 (1860) - W.Ref. 2445.

Über die Löslichkeit der Stärke. 2. Jessen,C. Poggendorff's Ann. Chem.Phys. 109. 361-364 (1860) - Ref. C. 1860. 367, W.Ref. 1190.

Bemerkung über Reisstärke. Gris,A. Bull.Soc.bot.France 7. 876-878 (1860).

Über Nachweisung einer Verfälschung des Weizenmehls und der Weizenstärke mit Kartoffelstärke. Spies, E. Wittstein's Vjschr.prakt. Pharmaz. 9. 394-95 (1860).

Tatsachen zur Geschichte des Stärkemehls, der Holzstoffe, des Gummis und der Süßstoffe. Béchamp, A. C.R.hebd.Séances Acad. Sci. 51. 255-258 (1860) - W.Ref. 1055.

Über die Bestimmung des Traubenzuckers, Rohrzuckers und Dextrins in ihren Mischungen. Gentele, J.G. Dingler's polytechn.J. 152. 68-71 (1859) - Ref. C. 1859. IV. 504-507, W.Ref. 1441.

Über Stärke und Cellulose. Payen, A. J.Chim.Pharmaz. 35. Sér. 3; 106-107 (1859) - W.Ref. 1442.

Ist Stärke in Wasser löslich? Wicke, W. Poggendorff's Ann.Chem. Phys. 108. 359-360 (1859) - W.Ref. 1132.

Einwirkung der Gewebe der Weizenkleie auf Stärke. Mége-Mouriès C.R.hebd.Séances Acad.Sci. 48. 431-434 (1859) - W.Ref. 3353.

Über die Löslichkeit der Stärke. Jessen, C. Poggendorff's Ann. Chem.Phys. 106. 497-500 (1859) - W.Ref. 1188.

Über den Stärkemehlgehalt der bei der Ausscheidung der Stärke aus Kartoffeln zurückbleibenden Faser. Anthon, E.F. Dingler's polytechn.J. 154. 69-73 (1859) - Ref. C. 1859. 920-24, W.Ref. 2178.

Über den vorgeblichen Gehalt der Stärkekörner an Cellulose. Mohl, H. von Bot.Ztg. 17. 225-229, 233-237 (1859) - W.Ref. 525.

Beobachtungen an pflanzlichen Geweben, neue unterschiedliche Merkmale zwischen der Cellulose und der Stärke. Payen, A. C.R.hebd. Séances Acad.Sci. 48. 319-325 (1859) - W.Ref. 663.

Über das Auftreten der Stärke bei der Keimung ölhaltiger Samen. Sachs, J. Bot.Ztg. 17. 177-83, 185-88 (1859).

Stärke und Cellulose. Beobachtungen über bemerkenswerte Ähnlichkeiten und charakteristische Unterschiede zwischen diesen beiden unmittelbaren Grundstoffen. Payen, A. C.R.hebd.Séances Acad. Sci. 48. 67-75 (1859) - W.Ref. 661.

Milchanalyse durch eine einzige Titration in Lösung. Untersuchung von Mehlen durch Kaliumpermanganat. Monier, E. C.R.hebd.Séances Acad.Sci. 46. 425-426 (1858) - W.Ref. 1440.

Die Stärkekörner. Morphologische, physiologische, chemisch-physikalische und systematisch-botanische Monographie. Nägeli, C. Pflanzenphysiologische Untersuchungen. Heft 2. Friedrich Schulthess, Zürich 1858, 624 S. - W.Ref. 524.

Über das Verhalten der Diastase gegen Eiweißkörper. (Auszug). Mulder, E. Jber.Chem. 1858. 536-538 - W.Ref. 2782.

Beitrag zur Physiologie der Verdauungsorgane. Busch, W. Virchow's Arch.pathol.Anatom.Physiol.klin.Med. 14. 140-186 (1858) - W.Ref. 3352.

Allgemeine Studie über die Prüfung photographischer Positive. Davanne Bull.Soc.franc.Photogr. 4. 71-79, 117-131 (1858) - W.Ref. 2443.

Die Untersuchung des Pflanzengewebes mit Hilfe des polarisierten Lichtes. Mohl, H.v. Bot.Ztg. 16. 17 (1858).

Abhandlung über die lokale Anwendung der Jodstärke. Castex Gaz. méd.Algerie 2. 71-76 (1857).

Über die Zusammensetzung und den Nahrungswert der Rückstände von der Stärkefabrikation aus Kartoffeln. (Auszug). Scheven, H. C. 1857. 888-893 - W.Ref. 2177.

Untersuchung der verschiedenen im Handel vorkommenden Stärkesorten. Wolff, J. J.prakt.Chem. 71. 86-97 (1857) - Ref. C. 1857. 764-766, W.Ref. 1927.

Einwirkung von Wärme auf neutrale organische Substanzen. Gélis, A. C.R.hebd.Séances Acad.Sci. 45. 988-994 (1857) - Ref. C. 1858. 163-165, W.Ref. 2380.

Stärkemehlkörner, (Auszug).Melsens Jber.Chem. 1857. 493 - W.Ref. 523.

Nachtrag zur Abhandlung: Über den Bau des Stärkemehls. Hartig, Th. Bot.Ztg. 14. 349 (1856).

Arbeit über die Umwandlungsprodukte der Stärke und der Holzstoffe unter Einfluß von Alkali, Zinnchlorid und Säuren. Béchamp, A. C.R.hebd.Séances Acad.Sci. 42. 1210-1213 (1856) - W.Ref. 1129.

Bemerkung über die Prüfung von Mehlen und Brot. Rivot Ann.Chim. Phys. 47. Sér. 3; 50-93 (1856) - W.Ref. 1403.

Über die Einwirkung von Zinnchlorid auf Stärke bei gewöhnlicher Temperatur. Payr, H.von J.prakt.Chem. 69. 425-427 (1856).

Über das Stärkemehl. Nägeli, C. Flora,allg.bot.Ztg. 14. 602-607 (1856) - W.Ref. 522.

Über den Bau des Stärkemehls. Harting, Th. Bot.Ztg. 13. 905-911 (1855) - W.Ref. 521.

Über Prüfung der gerösteten Stärke (Leiokom, künstliches Gummi)als Verdickungsmittel der Beizen beim Zeugdruck. (Auszug).Benner, Ch. Polytechn. Notizbl. 10. 45-46 (1855) - W.Ref. 2442.

Untersuchung über die Verdauung stärkehaltiger Stoffe. Blondlot,N. Ann.Chim.Phys. 43. 223-233 (1855) - W.Ref. 1402.

Über die Struktur des Stärkekorns. Grundy Pharmaz. J. Trans. 14. 446-449 (1854-55) - W.Ref. 520.

Über die Struktur des Stärkekorns. Field, J.J. Pharmaz. J. Trans. 14. 253-256 (1854-55) - W.Ref. 519.

Beitrag zur Stärkemehlkunde. Crüger, H. Bot.Ztg. 12. 41-50 (1854) - W.Ref. 518.

Neue Studie über Stärke. Béchamp, A. C.R.hebd.Séances Acad.Sci. 39. 653-656 (1854) - W.Ref. 1128.

System der quantitativen Bestimmung des Stärkemehls durch Einwirkung von Essig- und Weinsäure. Briois C.R.hebd.Séances Acad. Sci. 39. 755 (1854) - W.Ref. 1438.

Quantitative Bestimmung des Kartoffelstärkemehls in Mischungen mit Weizenmehl. Cailletet C.R.hebd.Séances Acad.Sci. 39. 246 (1854) - W.Ref. 1439.

Nachweisung von Stärke im Indigo und Erkennung von Jodstärke in Berlinerblau. Pohl, J.J. S.-B. Akad.Wiss.Wien, math.-naturwiss.Kl. 12. 107-108 (1854) - W.Ref. 1796.

Beschreibung des Féculometers, eines Apparates, der zur Bestimmung des Wassergehaltes in Roh- oder Naßstärken vorgesehen ist, welche in verschiedenen Industrien verwendet werden. Bloch C.R. hebd.Séances Acad.Sci. 39. 969-973 (1854) - W.Ref. 1723.

Einige Beobachtungen über lösliches und unlösliches Amylon, über Moosstärke und Leiocom.Maschke J.prakt.Chem. 61. 1 (1854).

Einige Beobachtungen über lösliches und unlösliches Amylon, über Moosstärke und Leiocom. Masche, O. J.prakt.Chem. 61. 1-10 (1854) - W.Ref. 658.

Das Gluten des Weizens. Millon, E. J.Pharmaz.Chim. Sér. 3; 25. 352-55 (1854).

Mikrographische Studien über einige Stärken. Soubeiran, J.L. J. Pharmaz.Chim. 25. 89-105, 175-192 (1854) - W.Ref. 1401.

Französische Kartoffel-Stärke-Maschine. Sci.American 9. 409 (1853-54) - W.Ref. 2176.

Einwirkung von Eisensalzen auf Pyroxylin und seine Derivate.Béchamp, A. C.R.hebd.Séances Acad.Sci. 37. 134-135 (1853) - W.Ref. 1054.

Über die Anwendung der Amylum-Jodüre. (Auszug). Quesneville Arch. Pharmazie 124. 110-13 (1853).

Ermittelung der Verfälschung des Zuckersyrups mit Stärkesyrup. (Auszug). Soubeiran, J.L. Arch.Pharmazie 121. 335-336 (1852).

Ermittelung des technischen Wertes der Kartoffeln. Pohl, J.J. S.-B. Akad.Wiss.Wien, math.-naturwiss.Kl. 8. 42-51 (1852) - W.Ref. 1722.

Über die Amylonbläschen des Weizenkorns. Masche, O. J.prakt.Chem. 56. 400-410 (1852) - W.Ref. 517.

Wirkung des Zinkchlorids auf das Amylum. (Auszug).Barreswil und Rillet. Arch.Pharmazie 121. 336 (1852).

Über die Amylumkörner der Kartoffel. Martin, A.G.C. Philos.Mag. 3. 277-284 (1852) - W.Ref. 1400.

Über lösliche Jodstärke und über Jodstärkesirup. Soubeiran, J.L. J.Pharmaz.Chim. 21. Sér. 3; 329-337 (1852) - W.Ref. 842.

Verfälschung der Seife mit Stärkemehl. (Auszug). Pohl, J.J. Arch. Pharmazie 121. 74. (1852).

Seife mit Stärkezusatz. Pohl, J.J. J.prakt.Chem. 1 56. 61-64 (1852).

Über Stärkeglanz und Glanzstärke. Denzer, L. Dingler's polytechn. J. 126. 435 (1852) - W.Ref. 2441.

Über Arrow-root. (Auszug). Walpers, G. Arch.Pharmazie 121. 117-124 (1852).

Über Prüfung der im Handel vorkommenden Mehl- und Stärkemehlarten, sowie ihrer Gemenge mittelst Jod. Köchlin, K. Dingler's polytechn. J. 120. 364-367 (1851) - W.Ref. 1926.

Bemerkung über die Bereitung eines Sirups auf der Basis löslichen Stärkejodids. Lassaigne, J.L. J.Chim.méd. 7. Sér. 3; 180-181 (1851) - W.Ref. 838.

Bemerkungen über die Herstellung von Stärke und "British Gum". Sci. American 7. 13 (1851) - W.Ref. 2175.

Über lösliche Jodstärke und den Sirup desselben Namens. Magnes-Lahens J.Pharmaz.Chim. 19. Sér. 3; 243-250 (1851) - W.Ref. 839.

Über Arrowroot. Walpers, G. Bot.Ztg. 9. 329-40 (1851) - W.Ref.1992.

Einfaches Verfahren, das specifische Gewicht der Kartoffeln zu bestimmen. Fresenius, R. und Schulze, F. J.prakt.Chem. 51. 436-437 (1850) - W.Ref. 1721.

Anwendung des Centrifugalapparats in den Bierbrauereien und Stärkefabriken. Dingler's polytechn. J. 118. 236-237 (1850) - W.Ref. 2174.

Über die Anwendung des chromatischpolarisierten Lichtes für mikroskopische Verhältnisse. Ehrenberg J.prakt.Chem. 49. 490-511 (1850) - W.Ref. 1399.

Die quantitative Bestimmung von Zucker und Stärkemehl mittelst Kupfervitriol. Fehling, H. Ann.Chem.Pharmaz. 72. 106-113 (1849) - W.Ref. 1570.

Über die Bestimmung des Stärkemehls auf nassem Wege. Schwarz, H. Ann.Chem.Pharmaz. 70.54-56 (1849) - W.Ref. 1571.

Über den Stärkegehalt in Getreide und Kartoffeln. Krocker Dingler's polytechn.J. 112. 143-44 (1849) - W.Ref. 1991.

Über einige explosive Substanzen. Reinsch, H. Buchner's Repertor. Pharmazie 3. R.3; 6-20 (1849) - W.Ref. 1053.

Verfälschung von Zucker mit Stärke. Chevallier, J.-B. J.Chim.méd. 4. Sér. 3; 276-279 (1848) - W.Ref. 1874.

Über das Amidulin. Schulze, F. J.prakt.Chem. 44. 178-179 (1848) - W.Ref. 1127.

Über die Größe der Stärkeausbeute verschiedener Pflanzen. Schier, J. Pharmaz.J.Trans. 7. 590 (1847-48) - W.Ref. 1990.

Bemerkung über die Glukose. Dubrunfaut, A.P. Ann.Chim.Phys. 21. 178-180 (1847) - W.Ref. 149.

Die Wirkung von Ätzkali auf Stärken und seine Anwendung zu ihrer Unterscheidung und zur Abschätzung der Verhältnisse ihrer Mischungen. Mayet J.Pharmaz.Chim. 11. Sér. 3; 81-86 (1847) - W. Ref. 1795.

Über die Bildung des Chlorals aus Stärke und ein neues Zersetzungsprodukt desselben. Städeler, A. Ann.Chem.Pharmaz. 61. 101-121 (1847) - W.Ref. 656.

Bemerkung über Pyroxylin, hochnitrierte Baumwolle und Xyloidin. Payen, A. C.R.hebd.Séances Acad.Sci. 24. 85-89 (1847) - W.Ref. 1052.

Über die Veränderung der Stärke durch Salpeter-Schwefelsäure, über Auffindung der Baumwolle in Leinwand, und über Schießbaumwolle. Kindt, Poggendorff's Ann.Chem.Phys. 70. 167-171 (1847) - W.Ref. 1051.

Mammut-Stärkefabrik in Michigan. J.Franklin Inst. 44. 421-422 (1847) - W.Ref. 2173.

Bläschenförmige Gebilde der Pflanzenzelle. Nägeli, C. Z.wiss.Bot. H.4. 94-128 (1847).

Über die Zellnatur der Amylumkörner. (Auszug). Reissek Flora,allg. bot.Ztg. 30. 13-14 (1847) - W.Ref. 516.

Huck's Siebmaschine für Kartoffelstärkefabriken. Dingler's polytechn.J. 102. 361-363 (1846) - W.Ref. 2172.

092

Bestimmung des Stärkemehlgehaltes in vegetabilischen Nahrungsmitteln. Krocker, Ann.Chem.Pharmazie 58. 212-227 (1846) - W.Ref. 1873.

Versuche und Beobachtungen an der Einwirkung monohydratischer Salpetersäure auf Stärke und holzartige Stoffe. Pelouze, J. C.R. hebd.Séances Acad.Sci. 23. 892-902 (1846) - W.Ref. 1050.

Bemerkung über das Xyloidin. Pelouze, J. C.R.hebd.Séances Acad. Sci. 23. 809-811 (1846) - W.Ref. 1049.

Bemerkung über die Vorexistenz eines wichtigen Öls, welches den speziellen Geruch des Stärkemehles verursacht. Payen, A. C.R.hebd. Séances Acad.Sci. 23. 487-490 (1846) - W.Ref. 515.

Über die Fabrikation des Kartoffelmehls. (Auszug). Clerget, A. Dingler's polytechn.J. 99. 71-73 (1846) - W.Ref. 2171.

Einige Bemerkungen über die Bildung des Amylums. Müller, K. Bot. Ztg. 3. 833-37 (1845).

Über die Einwirkung des Gerbstoffes auf die Stärke. Kalinowsky, J. J.prakt.Chem. 35. 201-203 (1845) - W.Ref. 655.

Über die Einwirkung der konzentrierten Schwefelsäure auf das Stärkemehl. Kalinowsky, J. von J.prakt.Chem. 35. 193-201 (1845) -W.Ref. 1048.

Die Verbindungen des Stärkemehls mit Schwefelsäure. Fehling, H. Ann.Chem.Pharmaz. 55. 13-26 (1845) - W.Ref. 1047.

Neue Beobachtungen über die Wirkung, die der Speichel auf die Stärkekörner bei Körpertemperatur der Säugetiere ausübt, und der Zustand, in welchem sich die Stärke der Getreidekörner nach dem Kauen befindet. Lassaigne, J.L. C.R.hebd.Séances Acad. Sci. 20. 1640-1641 (1845) - W.Ref. 148.

Untersuchungen über die Wirkung, die das pankreatische Gewebe der Pferde auf rohe Stärke oder Stärkekörner und auf in Wasser gekochte Stärke im Zustand der Verkleisterung ausübt.Lassaigne, J.L. C.R.hebd.Séances Acad.Sci. 20. 1350-1351 (1845) - W.Ref. 147.

Untersuchungen zur Bestimmung der Wirkungsweise, welche der reine Speichel auf Stärke bei Körpertemperaturen der Säugetiere und Temperaturen von + 75°C ausübt. Lassaigne, J.L. C.R.hebd.Séances Acad.Sci. 20. 1347-1350 (1845) - W.Ref. 3024.

Über die verzuckernde oder glukosidische Fermentierung. Bouchardat, G. Ann.Chim.Phys. 14. Sér. 3; 61-68 (1845) - W.Ref. 2781.

Bemerkung über die Einwirkung der tierischen Diastase auf Stärke. Mialhe C.R.hebd.Séances Acad.Sci. 20. 1485-1488 (1845) - W.Ref. 2592.

Von den Funktionen des Pankreas und von seinem Einfluß auf die Verdauung stärkehaltiger Nahrungsmittel. Bouchardat, G. und Sandras. C.R.hebd.Séances Acad.Sci. 20. 1085-1091 (1845) - W.Ref. 3351.

Über das Amylum der Gloriasa superba L., nebst einigen Bemerkungen und Zusätzen zu dem Artikel "Stärkemehl" in Hrn.Prof.Dr.Schleiden's Grundzügen der wissenschaftlichen Botanik. Leipzig 1845. 2.Ed.Bd.I. p.171-183. Münter,J. Bot.Ztg. 3. 193-205 (1845) - W. Ref. 514.

Der Nachweis von Kartoffelstärke im Mehl. Harvey, T. Pharmac.J. Transact. 4. 115 (1844/45).

Über die Verfälschung von Mehl mit Kartoffelstärke. Neligan, J.M. Pharmac.J.Transact. 4. 504-05 (1844/45).

Über die verschiedenen Arten von Stärke. Schleiden Pharmac.J. Transact. 4. 89-95 (1844/45).

Über den Ersatz von Honig durch Stärkezucker (Glukose) im Handel. Lassaigne, M. Pharmac.J.Transact. 4. 237-38 (1844/45).

Xyloidin. (Auszug). Ballot,Buijs Berzelius'Rapp.annu.Progr.Chim. 4. 222-223 (1844) - W.Ref. 1046.

Über die Abwässer der Stärkefabriken. Dumas, M.M., Thenard, Pelouze, d'Arcet und Payen C.R.hebd.Séances Acad.Sci. 18. 326 (1844) - W.Ref. 2416 A.

Über die Röstung organischer Körper. Reichenbach, v. Ann.Chem. Pharmazie 49. 1-17 (1844).

Über das Amylon und einige seiner Verbindungen. Blondeau de Carolles Liebig's Ann.Chem. 52. 416-417 (1844).

Untersuchung einer Art Gärung, hervorgebracht in Kartoffelkleyen. Scharling, E.A. Ann.Chem.Pharmazie 49. 313-15 (1844).

Verfahren zur Extraktion von Stärke aus Mehlen ohne Veränderung des Glutens und ohne Faulgärung. Dumas, Thenard, Pelouze, d'Arcet und Payen C.R.hebd.Séances Acad.Sci. 18. 324-25 (1844) - W.Ref. 2170.

Über die Verwendung von Ammoniak bei der Herstellung von Stärke, Reinigung von Reis, Mehl etc. Nash, E. Mechan.Mag. (London) 41. 214-15 (1844) - W.Ref. 2170 A.

Analyse des Roggens und der Weizenkleie. Fürstenberg, M. J.prakt. Chem. 31. 195-196 (1844) - W.Ref. 1872.

Bemerkung über die Erscheinungen der Polarisation, die durch stärkehaltige Kügelchen auftreten. Biot C.R.hebd.Séances Acad.Sci. 18. 795-797 (1844) - W.Ref. 1398.

Notiz über die Zusammensetzung der Kartoffelasche. Vogel, A. Ann. Chem.Pharmazie 49. 245-46 (1844).

Merkwürdige Formen von Stärkemehlkörnern in den Sassaparillwurzeln und im Wurzelstock von Hedychinun Gardnerianum Wall., beobachtet und beschrieben. Bischoff, G. Bot.Ztg. 2. 385-89 (1844).

Über das Xyloidin. Ballot,C.H.D.Buijs. Liebig's Ann.Chem. 45. 47-51 (1843).

Bemerkung über die Wirkung, die konzentrierte Essigsäure auf Rohrzucker und Stärke ausüben kann. Persoz, J. C.R.hebd.Séances Acad.Sci. 17. 1066-1067 (1843) - W.Ref. 29.

Über die Stärke und einige von ihr abgeleiteten Verbindungen. Blondeau,Ch. Rev.sci.ind. 15. 69-82 (1843) - W.Ref. 1045.

Mittel, um dem Stärkemehl ohne Unterstützung durch Rösten oder durch Säuren die Eigenschaften zu verleihen, sich in Wasser bei 70 Grad aufzulösen und die Lösung ein Jahr und länger aufzubewahren. Jaquelain, V.A. Ann.Chim.Phys.Sér. 3; 8. 255 (1843) - W.Ref. 146.

Andrew's Verfahren das Kartoffelmehl zum Schlichten des Weberzettels anzuwenden. Dingler's polytechn.J. 87. 396-397 (1843) - W.Ref. 2440.

Beschreibung einer neuen Vorrichtung zur Gewinnung der Kartoffelstärke. Siemens, Dingler's polytechn.J. 84. 390-392 (1842) - W.Ref. 2169.

Verdünnte Salzsäure als Mittel zur Untersuchung, ob Reismehl oder westindischer Salep mit Kartoffelstärke gemischt sind. Scharling Liebig's Ann.Chem. 42. 272-275 (1842) - W.Ref. 1792.

Nachträgliche Bemerkungen über die Ausmittelung des Stärkegehalts der Kartoffeln. Lüdersdorff Dingler's polytechn.J. 79. 313-315 (1841) - W.Ref. 1437.

Bericht über die Konkurrenz um ein geeignetes Verfahren zur Nutzbarmachung der Abwässer der Stärkefabriken. Claubry, G.de Bull.Soc.Encouragement Ind.nat. 40. 92-93 (1841) - W.Ref. 2416.

Nachweis von Stärkemehl in Chocolade. Poirier, A. Arch.Pharmazie 150. 297 (1841).

Unterscheidung von Gummi, Dextrin, Traubenzucker und Rohrzucker. Trommer Liebig's Ann.Chem. 39. 360-362 (1841) - W.Ref. 1791.

Eine Arbeit über die Stärke. Jacquelain, V.A. Ann.Chim.Phys. 73. 167-207 (1840).

Volker's Methode der Stärkefabrication aus Kartoffeln. Dingler's polytechn.J. 76. 213-219 (1840) - W.Ref. 2168.

Schrift über die Stärke. Jaquelain, V.A. Ann.Chim.Phys. 73. 167-207 (1840) - W.Ref. 836.

Ausmittelung des Stärkegehalts der Kartoffeln. Lüdersdorff J.prakt. Chem. 20. 445 (1840).

Arbeit über die Erscheinungen, die hydratisierte Stärke zeigt, wenn sie in geschlossenen Gefäßen gleichbleibenden Temperaturen ausgesetzt ist. Jaquelain C.R.hebd.Séances Acad.Sci. 8. 916-918 (1839) - W.Ref. 654.

Über den Gebrauch von Dextrinfirnis für den Schutz photogenischer Bilder. Silvestre C.R.hebd.Séances Acad.Sci. 9. 295 (1839) - W.Ref. 2438.

Auszug aus einem Brief von M.Berzélius an M.Pelouze.Berzelius,J. C.R.hebd.Séances Acad.Sci. 8. 352-356 (1839) - W.Ref. 994.

Über die Produkte der Einwirkung von konzentrierter Salpetersäure auf Stärkemehl und Holzfaser. Pelouze,J. Liebig's Ann.Chem. 29. 38-41 (1839).

Ersatz von Dextrin durch Stärke als heilende Substanz für unverrückbare Bandagen bei der Behandlung von Knochenbrüchen. Velpeau C.R.hebd.Séances Acad.Sci. 6. 500 (1838) - W.Ref. 2437.

Erscheinungen, beobachtet beim Gefrieren der Kartoffeln. (Auszug). Payen, A. C.R.hebd.Séances Acad.Sci. 6. 275-276 (1838).

Bemerkung über die Produkte der Einwirkung konzentrierter Salpetersäure auf Stärke und holzartige Stoffe. Pelouze,J. C.R. hebd.Séances Acad.Sci. 7. 713-715 (1838) - W.Ref. 1009.

Bericht über eine Arbeit von M.Payen bezüglich der Elementaranalyse der Stärke und Dextrine. Dumas, Thénard und Dulong C.R.hebd. Séances Acad.Sci. 5. 898-905 (1837) - W.Ref. 440.

Über die Fabrikation von Stärke unter Gewinnung des Glutens. Martin, E. Bull.Soc.Encouragement Ind.nat. 36. 55-65 (1837) - W. Ref. 2167 A.

Untersuchungen über die bestimmte Zusammensetzung der Dextrine und über ihr Atomgewicht. Payen, A. C.R.hebd.Séances Acad.Sci. 5. 115-116 (1837) - W.Ref. 992.

Kartoffeln-Stärke und Stärke-Zucker-Fabrikation. J.prakt.Chem. 11. 185-186 (1837) - W.Ref. 2167.

Einfaches Mittel, wodurch man erkennen kann, ob Stärkemehl kleberhaltig ist, oder nicht. Böttger, R. J.prakt.Chem. 10. 110-111 (1837) - W.Ref. 1925.

Preis für die Entdeckung eines geeigneten Verfahrens zur Nutzbarmachung der Abwässer der Stärkefabriken. Bull.Soc.Encouragement Ind.nat. 36. 474-75 (1837) - W.Ref. 2415.

Bestimmung des Stärkemehlgehalts in den Kartoffeln. (Auszug). Aimé, G. Erdmann's J.prakt.Chem. 12. 190-191 (1837) - W.Ref. 1720.

Über ein geeignetes Verfahren zur Erkennung einer Beimischung von Kartoffelstärke in Weizenmehl. Cluabry, G. de. Bull.Soc.Encouragement Ind.nat. 35. 459-460 (1836) - W.Ref. 1790 B.

Neue Tatsachen über Stärke. Payen, A. Ann.Chim.Phys. 61. 355-374 (1836) - W.Ref. 1335.

Über die Stärke. Guérin-Varry, R.T. Institut (Paris) 4. 35-36 (1836) - W.Ref. 512.

Über die Metamorphose des Amylums. Schulze, F. Ann.Phys.Chem. 39. 489-493 (1836) - W.Ref. 1397.

Zweite Arbeit über Kartoffelstärke. Guérin-Varry, R.T. C.R.hebd. Séances Acad.Sci. 2. 116-119 (1836) - W.Ref. 513.

Beiträge zur Kenntnis der weinigen Gährung amylonhaltiger Substanzen. Creuzberg, H.Ch. Erdmann's J.prakt.Chem. 9. 299-316 (1836) - W.Ref. 1396.

Elementarzusammensetzung von Stärke, ihrer aggregiertesten Teile, ihrer leicht desaggregierbaren Teile sowie ihrer Lösungsprodukte. Payen, A. C.R.hebd.Séances Acad.Sci. 3. 224-225 (1836) - W.Ref. 1126.

Elementar-Zusammensetzung der bisher zerlegten Substanzen organischen Ursprungs, nach den zuverlässigeren Angaben. Poggendorff, J.C. Poggendorff's Ann.Chem.Phys. 37. 1-162 (1836) - W.Ref. 439.

Fabrikation des Stärkezuckers. Bouchardat, G. J.prakt.Chem. 7. 83-85 (1836) - W.Ref. 28.

Einwirkung von Pottasche, Soda und Ammoniak auf Stärke. Payen, A. Institut(Paris) 4. 216 (1836) - W.Ref. 991.

Bericht über die bedingte Konkurrenz bei der Verwertung der Abwässer aus Stärkefabriken. Claubry, G.de. Bull.Soc.Encouragement Ind.nat. 35. 457-458 (1836) - W.Ref. 2414.

Bericht über die bedingte Konkurenz um die Stärkeherstellung unter Gewinnung des Glutens. Claubry, G.de. Bull.Soc.Encouragement Ind.nat. 35. 454-57 (1836) - W.Ref. 2165 A.

Über ein Verfahren zur Gewinnung von Getreidestärke ohne Fäulnis. Claubry, G.de. J.Connaissances usuelles practiques 23. 124-31 (1836) - W.Ref. 2166.

Über die Konkurenz um die Entdeckung einer Möglichkeit zur Nutzbarmachung der Abwässer der Stärkefabriken. Claubry, G.de. Bull.Soc.Encouragement Ind.nat. 34. 576-77 (1835) - W.Ref. 2413 B.

Über die Mithilfe bei der Entdeckung eines geeigneten Verfahrens, dem Stärkemehl die Beschaffenheit des Weizenmehls zu verleihen, um ein Brot zu erhalten, das wie Weizenbrot aufgeht. Claubry, G.de Bull.Soc.Encouragement Indnat. 34. 577-579 (1835) - W. Ref. 2436 A.

Über ein geeignetes Verfahren zur Erkennung einer Beimischung von Kartoffelstärke in Weizenmehl. Claubry, G.de. Bull.Soc.Encouragement Ind.nat. 34. 579-584 (1835) - W.Ref. 1790 A.

Über die Stärke. Dulong, Dumas, Robiquet und Chevreul. Ann.Pharmazie 16. 216-224 (1835) - W.Ref. 437.

Bemerkung zu der letzten Arbeit von M. Guérin-Varry. Payen, A. Ann.Chim.Phys. 60. Sér. 2; 441-444 (1835) - W.Ref. 2635.

Denkschrift über die Wirkung der Diastase auf Kartoffelstärke. Guérin-Varry, R.T. C.R.hebd.Séances Acad.Sci. 1. 81-85 (1835) - W. Ref. 145.

Über die molekulare Konstitution des Stärkemehles im Augenblick seiner Verflüssigung. Biot Institut (Paris) 3. 13-14 (1835) - W.Ref. 436.

Zusammensetzung einiger organischer Substanzen. Dumas J.prakt.Chem. 4. 436-438 (1835) - W.Ref. 438.

Über die Stärke. Guérin-Varry, R.T. Institut (Paris) 3. 156-158 (1835) - W.Ref. 512.

Über die bedingte Konkurenz um die Entdeckung eines geeigneten Verfahrens zur Stärkeherstellung unter Erhaltung des Glutens.Claubry, G.de. Bull.Soc.Encouragement Ind.nat. 34. 572-75 (1835) - W.Ref. 2165.

Versuche, welche auf einem Landgut zu Bilbartault, Departement de Seine et Marne, mit der Anwendung der Ablaufwasser einer Stärkemehlfabrik als Dünger angestellt wurden. Burggraf, de Dingler's polytechn.J. 56. 464-469 (1835) - W.Ref. 2413 A.

Über die Anwesenheit des Stärkemehls in einer gekeimten Gerste, die über 3000 Jahre gelegen hatte. Fontanello, J. Ann.Pharmazie 14. 297-298 (1835) - W.Ref. 652 B.

Über Stärkemehl.Guibort Institut (Paris) 3. 6 (1835) - W.Ref. 653.

Versuche über Stärkemehl und Stärkemehlzucker. Brunnér, C. Poggendorff's Ann.Chem.Phys. 34. 319-335 (1835) - W.Ref. 27.

Auszug aus einer Abhandlung über die Wirkung verschiedener Säuren auf Dextrin, Rohr-, Milch- und Mannazucker. Persoz, J. Poggendorff's Ann.Chem.Phys. 32. 207-211 (1834) - W.Ref. 26.

Abhandlung über die Stärke (innere Substanz des Stärkemehls) und eine Reihe von Untersuchungen über die Diastase. Payen, A.und Persoz, J. Ann.Chim.Phys. 56. 337-371 (1834) - W.Ref. 652 A.

Über die Zuckerbildung beim Keimen des Weizens. Saussure, Th.de. Poggendorff's Ann.Phys.Chem. 32.194-207 (1834).

Erfahrungen über die Zubereitung des Stärkezuckersyrups durch Malzzucker. Lampadius, W.A. Erdmann's J.prakt.Chem. 2. 457-459 (1834) - W.Ref. 144.

Aufsatz über zwei natürliche Produkte der Pflanzenwelt, die als Gummi angesehen werden können. Guérin-Varry, R.T. Ann.Chim. Phys. 56. 225-252 (1834) - W.Ref. 510.

Antwort auf die Bemerkung von M.Payen in Band 56 der Annales de chimie et de physique, Seite 370. Guérin-Varry, R.T. Ann.Chim. Phys. 57. 108-110 (1834) - W.Ref. 511.

Über das Amylum. Fritzsche, J. Poggendorff's Ann.Chem.Phys. 32. 129-160 (1834) - W.Ref. 509.

Die Umwandlung der Stärke in einen eigentümlichen Syrup durch Malz ohne Schwefelsäure. Lüdersdorff Erdmann's J.techn.ökonom.Chem. 17. 401-408 (1833) - W.Ref. 143.

Über die Diastase, die Hauptprodukte, ihrer Reaktionen und ihre Anwendung in industriellen Gewerben. Payen, A. und Persoz Ann.Chim.Phys. 53. Sér. 2; 73-92 (1833) - W.Ref. 3437.

Über die Wassermengen, welche Stärken und Handelsmehle aufnehmen. Payen, A. und Persoz J.Chim.méd. 9. 210-212 (1833) - W.Ref. 1924.

Neues Mittel, die Kartoffelstärke von der Getreidestärke zu unterscheiden und die Gegenwart der ersteren im Mehl zu entdecken. Marozeau Erdmann's J.techn.ökonom.Chem. 7. 265-267 (1833) - W. Ref. 1790.

Über die Umwandlung mehrerer vegetabilischer Substanzen in ein neues Prinzip. Braconnot, H. Liebig's Ann.Chem. 7.245-249 (1833).

Über die Umbildung mehrerer pflanzlicher Substanzen in einen neuen Grundstoff. Braconnot, H. Ann.Chim.Phys. 52. Sér. 2; 290-294 (1833) - W.Ref. 1044.

Arbeit über die Veränderungen die Dextrin und Gummi unter dem Einfluß von Säuren erleiden. Biot und Persoz, J. Ann.Chim.Phys. 52. 72-90 (1833) - W.Ref. 25.

Versuch über die Darstellung des Stärkezuckers aus dem Stärkemehl der rohrartigen Marante, nebst Bemerkungen über den Grad der Reinheit dieses Mehles. Lampadius, W.A. Erdmann's J.techn.ökonom.Chem. 14. 381-385 (1832) - W.Ref. 24.

Wirkung des Speichels auf Stärke. Leuchs, E.F. Poggendorff's Ann. Phys.Chem. 22. 623 (1831) - W.Ref. 3350.

Über Verwandlung des Stärkemehls in Zucker durch Malz. Dubrunfaut, A.P. Erdmann's J.techn.ökonom.Chem. 9. 156-157 (1830) - W.Ref. 142.

Indifferente Pflanzenstoffe, Stärke, Hordein. Berzelius, J.J. Berzelius' Jber.Fortschr.physischen Wiss. 10. 200-03 (1830).

Bereitung von Zucker aus Stärke. Heinrich Quart.J.Roy.Inst.Great Britain 1830 Jan.-June 421. - W.Ref. 23.

Versuch der mikroskopischen Chemie. Raspail Ann.Sci.Observ. 4. 65-81, 225-251 (1830) - W.Ref. 508.

Versuch der mikroskopischen Chemie. Raspail Ann.Sci.Observ. 3. 216-228, 368-386 (1830) - W.Ref. 508.

Versuch der mikroskopischen Chemie. Raspail Ann.Sci.Observ. 2. 430-445 (1829) - W.Ref. 508.

Versuche über die Bereitung des Zuckers aus Stärkemehl mittelst Schwefelsäure. Leuchs, J.C. Erdmann's J.techn.ökonom.Chem. 5. 193-201 (1829) - W.Ref. 22.

Neue Art von künstlicher Bildung der Ameisensäure.Döbereiner Poggendorff's Ann.Chem.Phys. 15. 307-309 (1829) - W.Ref. 652.

Wirkung von Pottasche auf organische Stoffe. Gay-Lussac, Ann. Chim.Phys. 41. Sér. 2; 398-402 (1829) - W.Ref. 990.

Eine Beschreibung über die Art und Weise der Gewinnung von Stärkemehl aus Kartoffeln.Barrell, G.G. J.Franklin Inst. 5. 52-55, 172-173 (1828) - W.Ref. 2164.

Chemische und physiologische Untersuchungen. Teil III. Über organische Gewebe. Raspail, M. Mém.Soc.d'hist.nat. 3. 253-313 (1827).

Chemische und physiologische Untersuchungen. Teil II. Über organische Gewebe. Raspail, M. Mém.Soc.d'hist.nat. 3. 209-252 (1827).

Chemische und physiologische Untersuchungen. Teil I. über organische Gewebe. Raspail, M. Mém.Soc.d'hist.nat. 3. 17-88 (1827).

Anweisung über das Leimen des Papiers im Bottich. Mérimée Bull. Soc.Encouragement Ind.nat. 26. 118-121 (1827) - W.Ref. 2436.

Über die endgültige Zusammensetzung von einfachen Nahrungssubstanzen, mit einigen einleitenden Bemerkungen über die Analyse organisierter Körper im allgemeinen. Prout,W. Philos.Trans.Roy. Soc.London 117. 355-388 (1827) - W.Ref. 435.

Bemerkung über die Analyse einiger Pflanzensubstanzen. Marcet, F. Ann.Chim.Phys. 36. 27-34 (1827) - W.Ref. 2377.

Antwort auf die Arbeit von M.Caventou. Raspail Ann.Chim.Phys. 33. 241-265 (1826) - W.Ref. 506.

Zusätze zur Arbeit über die mikroskopische Analyse des Stärkemehls. Raspail Ann.Sci.natur. (Paris) 7. 325-335 (1826).

Chemische Untersuchungen über Stärke und verschiedene stärkehaltige Substanzen des Handels. Caventou, J.B. Ann.Chim.Phys. 31. 337-370 (1826) - W.Ref. 1125.

Entwicklung des Stärkemehls in den fruchterzeugenden Organen der Getreidearten und mikroskopische Analyse des Stärkemehls gefolgt von genauen Versuchen zur Erklärung der Umwandlung in Gummi.Raspail .Ann.Sci.natur. 6. 224-239, 384-427 (1825) - W. Ref. 505.

Über das Reifen von Früchten. Couverchel J.Pharmac. (Paris) 7. 249-268 (1821) - W.Ref. 21.

Über die Umsetzung von Stärkemehl in Alkohol durch die Fermentierung. Mathieu, Ann.Chim.Phys. 13. 284-294 (1820) - W.Ref. 141.

Neue Arzneimittel. - Arrowroot. Allg.nord.Ann.Chem. (St.Petersburg) 3. 98-101 (1820) - W.Ref. 2435.

Über die Veränderung der Stärke während des Röstens. Lassaigne, J.L. J.Pharmazie 5. 300-302 (1819) - W.Ref. 2376.

Beobachtungen über den Abbau der Stärke bei normaler Temperatur durch Einwirkung von Luft und Wasser. Saussure, Th.de. Ann. Chim.Phys. (2) 11. 379-408 (1819).

Beobachtungen über den Abbau der Stärke bei atmosphärischen Temperaturen durch die Wirkung der Luft und des Wassers. Saussure, Th. de. Philos.Trans.Roy.Soc.London 109. Teil 1, 29-58 (1819) - W.Ref. 434.

Preußisch Blau und Stärke. (Auszug). Vincent Philos.Mag. 53. 69 (1819) - W.Ref. 651.

Relative Tatsachen über die Bildung und den Abbau von Zucker, sowie die künstliche Herstellung von kristallisiertem Calciumcarbonat. Daniell, J.F. Ann.Chim.Phys. 10. 219-224 (1819) - W. Ref. 20.

Über die Zuckerbildung beim Malzen des Getreides, und beim Bebrühen seines Mehles mit kochendem Wasser. Kirchhoff, G.S.C. Schweigger's Beitr.Chem.Phys. 14. 389-398 (1815) - W.Ref. 140.

Über die Reinigung der Getreide-Stärke. Kirchhoff, G.S.C. Schweigger's J.Chem.Phys. 14. 385-389 (1815) - W.Ref. 2163.

Ein sehr empfindliches Reagens für Jodine, aufgefunden in der Stärke (Amidon).Stromeyer Gilbert's Ann.Phys. 49. 146-153 (1815) - W.Ref. 830.

Experimente zur Bestimmung der definierten Verhältnisse, in denen die Elemente der organischen Natur kombiniert sind. Berzelius, J. Ann.Philosophy 5. 260-275 (1815) - W.Ref. 989.

Über die Verwandlung von Stärke in Zucker. Saussure, Th.de. Ann. Physik 49. 129-145 (1815) - W.Ref. 19.

Über das Zuckerproduktions-Vermögen schleimiger Pflanzenstoffe, und über die Natur des durch Kunst produzierten Zuckerstoffs, nebst Bemerkungen über den Gährungsprozess. Nasse, W. Schweigger's Beitr.Chem.Phys. 10. 284-310 (1814) - W.Ref. 139.

Über den Kartoffelzucker, hergestellt von M.Thorin. Bull.Soc.Encouragement Ind.nat. 13. 17-18 (1814) - W.Ref. 18.

Über den Kartoffelsirup von M.Flashoff. Bouriat Bull.Soc.Encouragement Ind.nat. 13. 15 (1814) - W.Ref. 17.

Neue Versuche und Beobachtungen über das Stärkemehl und über andere verwandte Gegenstände. Dobereiner Schweigger's Beitr.Chem. Phys. 8. 207-220 (1813) - W.Ref. 2375.

Zucker aus Stärke. Philos.Mag. 41. 155-156 (1813) - W.Ref. 15.

Umsetzung von Stärkemehl in Zuckerstoff. (Auszug).Tuthill Philos. Mag. 41. 156 (1813) - W.Ref. 16.

Untersuchungen über den flüssigen Zucker aus Stärkemehl und über Umwandlung süßer Materien in gährungsfähigen Zucker. Vogel Schweigger's Beitr.Chem.Phys. 5. 80-93 (1812) - W.Ref. 14.

Umwandlung von Stärke in Gummi und in Zuckerstoffe. Bull.Soc.Encouragement Ind.nat. 11. 128-129 (1812) - W.Ref. 12.

Versuche zur Umwandlung von Stärke in Zucker. Berard, E. Bull.Soc. Encouragement Ind.nat. 11. 200-202 (1812) - W.Ref. 4.

Über den Stärkemehlzucker. Gehlen, A.F. Schweigger's Beitr.Chem. Phys. 5. 32-48 (1812) - W.Ref. 7.

Auszug eines Schreibens des Herrn Akademikers Nasse zu Petersburg an Herrn Prof. John über Kirchhof's neue Zuckerbereitung und über Essigbildung ohne Gährung. John Schweigger's Beitr.Chem. Phys. 4. 111-115 (1812) - W.Ref. 8.

Beschreibung des von M.M. Ittner und Keller, Freiburg im Breisgau, angewandten Verfahrens zur Umwandlung von Kartoffelstärke in Zuckerstoff. Fahnenberg Bull.Soc.Encouragement Ind.nat. 11. 235-237 (1812) - W.Ref. 5.

Einige Notizen über Zuckerbereitung aus Stärkemehl. Schweigger's Beitr.Chem.Phys. 4. 304-308 (1812) - W.Ref. 3.

Über die Produktion von Zucker aus Weizen- und Kartoffelstärke durch die Wirkung der Schwefelsäure. Moore, W. Philos.Mag. 40. 134-136 (1812) - W.Ref. 9.

Über die neue von Kirchhof entdeckte Zuckergewinnung. Schrader, J. C.C. Schweigger's Beitr.Chem.Phys. 4. 108-110 (1812) - W.Ref. 11.

Über die Verwandlung der Stärke in Zucker nach Kirchhof's Methode. Pfaff Schweigger's Beitr.Chem.Phys. 5. 94-97 (1812) - W.Ref. 10.

Auszug aus einer Notiz von M.Lampadius über die Fabrikation von Sirup und Zucker aus Stärke. Bull.Soc.Encouragement Ind.nat. 11. 213-219 (1812) - W.Ref. 13.

Stärkezucker und Kastanienkaffee, zwei neue Stellvertreter des indischen Zuckers und Kaffees. Lampadius, W.A. Verlag Graz u. Gerlach, Freiberg 1812. 45 S.

Zur Geschichte der Erfindung des Stärkemehlzuckers. Gassicourt, de Schweigger's Beitr.Chem.Phys. 1. 1-7 (1812) - W.Ref. 6.

Eine Arbeit über die Struktur der Kartoffel. Villars, A. J.gén. Méd. 42. 98-114 (1811) - W.Ref. 1395.

Über den Übergang der Stärke in den Schleimzustand. Bouillon-Lagrange Bull.Pharmazie 3. 395-398 (1811) - W.Ref. 2374.

Bemerkung über die Umwandlung der Stärke in eine dem Gummi sehr ähnliche Materie. Bull.Pharmazie 3. 216 (1811) - W.Ref. 2373.

Die vom Herrn Adjunkten Kirchhoff entdeckte Methode zur Herstellung von Zucker aus Weizen- und Kartoffelmehl. Zakharoff Acad. Imp.Sci. (St.Petersburg) 4. 37-38 (1811) - W.Ref. 2.

Über die Kartoffelstärke; bearbeitet von Mme.Chauveau. Bouriat Bull.Soc.Encouragement Ind.nat. 10. 15-16 (1811) - W.Ref. 2162.

Beobachtungen, Versuche und interessante Notizen, der Akademie gemacht und mitgeteilt. Kirchhoff, G.S.C. Acad.Imp.Sci. (St.Petersburg) 4. 27 (1811) - W.Ref. 1.

Resultate chemischer Untersuchungen der Kartoffeln. Einhof Thaer's Ann. Ackerbaues 1. 425 (1805).

Über die Schwarzfärberei und die Fabrikation der Druckerschwärzer. Roard Ann.Chimie 50. 220-224 (1804) - W.Ref. 2372.

Über die sauren Abwässer (Säuren) der Stärkefabriken. Vauquelin Ann.Chim.Phys. 38. Ser. 1. 248-70 (1800) - W.Ref. 2413.

Geheime und bewährte Haus- und Wirtschaftstafeln zu Nutzen und Vergnügen, oder Unterricht wie man Erbsen, Bohnen ..... einmachen und verpacken soll, wie man Essig, Punsch, Leim, Kitt, Chocolade, Stärke etc. bereiten kann. Wahrmann, E.C. Verlag Neuburg 1800. 276 pp.

Über den Zucker. Guyton Ann.Chimie 25. Sér. 1; 37 - 50 (1798)- W. Ref. 3216.

Epistolae Physiologicae super compluribus Naturae Arcanis. Leeuwenhoek, A. van Opera omnia 4. 232-249 (1719) Verlag Adrianum Beman Delphis.

Hauptgruppe O : Allgemeines

Schlagwortverzeichnis

(Die Ziffern entsprechen der Klassifikationseinteilung)

DIE STÄRKE - EINE BIBLIOGRAPHIE DER WELTLITERATUR

(Vorliegender Band, 1. Lieferung)

Das Gesamtmaterial des Stärkegebietes ist nach sachlichen Gesichtspunkten an Hand einer neu nach dem dekadischen System erarbeiteten Klassifikation geordnet, so daß ein Auffinden bestimmter Themen leicht möglich ist. Bei dem großen Umfang der 25000 Titelangaben enthaltenden Bibliographie erscheint sie in einzelnen Lieferungen, die den Hauptgruppen der Klassifikation entsprechen. Ein detailliertes Schlagwortregister wird die Lieferungen abschließen. Bei Bedarf soll ein Autorenverzeichnis folgen.

Grundeinteilung

Hauptgruppen 0 bis 9

0. Allgemeines
1. Technologie der Kartoffelstärke
2. Technologie der Getreidestärken und sonstiger Stärkerohstoffe
3. Technologie veränderter Stärken und Stärkeabbauprodukte
4. Verwendungsgebiete der Stärke und Spezialstärkeprodukte
5. Analytische Bestimmung und Untersuchung der Stärke
6. Stärkederivate und spezielle Chemie der Stärke
7. Aufbau und Konstitution der Stärke
8. Kolloidchemie der Stärke und der Stärkelösungen
9. Enzymatische Arbeiten

Weitere Lieferungen in Vorbereitung

Wir empfehlen Fortsetzungsbestellung

A K A D E M I E - V E R L A G · B E R L I N

FSC
www.fsc.org
MIX
Papier | Fördert
gute Waldnutzung
FSC® C083411

Zeitfracht Medien GmbH
Ferdinand-Jühlke-Straße 7
99095 Erfurt, Deutschland
produktsicherheit@kolibri360.de